SNEAKY

MATH

&

SCIENCE

PROJECTS

〔美〕赛·太蒙尼（Cy Tymony） 著

胡坦 李澜 詹文青 译

数学
本来很简单

北京时代华文书局

图书在版编目（CIP）数据

数学本来很简单 /（美）赛·太蒙尼（Cy Tymony）著 ；胡坦，李澜，詹文青译 . — 北京 : 北京时代华文书局，2019.2（2024.8 重印）

ISBN 978-7-5699-2932-4

Ⅰ . ①数… Ⅱ . ①赛… ②胡… ③李… ④詹… Ⅲ . ①数学—普及读物 Ⅳ . ① 01-49

中国版本图书馆 CIP 数据核字（2018）第 299790 号

北京市版权局著作权合同登记号 图字：01-2022-1987

SNEAKY MATH AND SCIENCE PROJECTS by Cy Tymony
Copyright © 2016 by Cy Tymony. This 2016 edition is a compilation of two previous published books by Cy Tymony: Sneaky Science Tricks © 2010 and Sneaky Math © 2014.
Simplified Chinese translation copyright © 2019
By Beijing Time-Chinese Publishing House Co., Ltd.
Published by arrangement with the author through Sheree Bykofsky Associates, Inc.
With Bardon-Chinese Media Agency
Originally published by Andrews McMeel Publishing, Kansas City, Missouri Illustrations by Kevin Brimmer
All RIGHTS RESERVED

数 学 本 来 很 简 单

SHUXUE BENLAI HEN JIANDAN

著　者 |［美］赛·太蒙尼
译　者 | 胡 坦 李 澜 詹文青

出 版 人 | 陈 涛
责任编辑 | 周 磊
责任校对 | 徐敏峰
装帧设计 | 程 慧 王艾迪
责任印制 | 訾 敬

出版发行 | 北京时代华文书局 http://www.bjsdsj.com.cn
　　　　　北京市东城区安定门外大街 138 号皇城国际大厦 A 座 8 层
　　　　　邮编：100011 电话：010-64263661 64261528
印　　刷 | 三河市兴博印务有限公司 0316-5166530
　　　　　（如发现印装质量问题，请与印刷厂联系调换）
开　　本 | 880mm×1230mm 1/32 印 张 | 6 字 数 | 157 千字
版　　次 | 2019 年 5 月第 1 版
印　　次 | 2024 年 8 月第 10 次印刷
书　　号 | ISBN 978-7-5699-2932-4
定　　价 | 39.80 元

前　言

你的数学是什么颜色的？

想一想你童年时候最喜欢的玩具或礼物是什么。还记得你第一次在电视广告或商店的橱窗看到它时，恳求你的父母帮你买下它的情形吗？它是什么颜色的？

现在，你对数学记忆犹新的是什么？你最喜欢的数学项目或玩具是什么？你怀念的东西和数学相关吗？

数学是一门科学、一种语言，也是一门处理真实和想象的物体与观察的艺术。它被用来计数和计算。它涉及形状、度量、模式、风险和概率的变化。几乎一切事物都可以用数学语言来表达。

我们所看到和听到的似乎不实用或不相关的东西是很容易被忘记的，比如数学课或黑板上的问题。但我们很容易记住我们喜欢做的事情：

▶ 我们的旅行

▶ 我们参加的活动

▶ 我们渴望和拥有的项目

▶ 我们使用的东西

旅行是有趣的。任何活动只要涉及自身或者我们对它感兴趣，它就会在我们的脑海中留下记忆。如果能在日常生活中看到，并亲身体验到与数学相关的活动，那数学就会给我们留下深刻的印象。

这本奇妙的数学书是从课本、电脑和课堂实践中吸收、总结经验而编写的，是一本能够随身携带的数学补充教材，而不是与你不相关的书本知识、历史知识和理论知识。这是一本图文并茂的入门书，实操性强，通俗易懂。它回答了这个问题："我现在能做什么？"使你投入到你想做和分享的实践活动中。

这本书讲解了最令人困惑的数学符号和概念，帮助你在课堂学习中快速吸收知识。你会很快学会以下课题：

- ▶ 混合分数的乘法和除法
- ▶ 平方根和指数
- ▶ 代数变量和函数
- ▶ 日常生活中的实用公式
- ▶ 几何和三角函数法
- ▶ 什么是微积分以及如何使用它
- ▶ 不寻常的数学符号及其用法
- ▶ 科学计算器入门
- ▶ 使用电子表格进行数学运算
- ▶ 创建奇妙的数学设计和挑战有趣的数学难题

本书假设读者已经具有基本的算术技能。它提供了图文并茂的学习内容和DIY主题，使你的数学学习变得更加易懂、实用、有趣和难忘。作为一个额外奖励，本书的项目设计是很易于操作的，也很方便传递给其他人来学习与操作。

你不必具备庞大的知识体系，你很快就会发现DIY风格比典型的教科书更容易理解。你会很快学会各种运算法则，当然，你也会遇到一些高难度的项目挑战，但这也同时帮助你更好地学会团队合作。

本书中所有实验需要的物品在每个家庭都能找到，拿起你手边的物品，正确地利用公式，一步一步按顺序操作，很快我们就能从中学到知识并感受到数学的趣味。我们的首要目标是改变你的态度：从"数学"到"我的数学"。

让我们开始吧。

前　言

第一章

算术：加减乘除

＋ 　　　－ 　　　✕ 　　　÷

正负数规则

■ **正数、负数和零被称为整数。**

把数字排在一条线上，负数在零的左边，正数在零的右边。

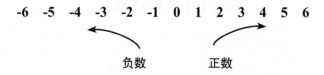

下面是加、减、乘、除法则。

■ **正数加上或减去一个比它小的正数仍然是正数：**

$$4 - 2 = 2$$

■ **正数加上或减去一个较大的数时，较大的数的符号就是结果的符号：**

$$1 + (-7) = -6$$

■ 当两个数相乘或相除时，同号=正数 异号=负数

同号=正数

$$- \div - \quad \text{或} \quad - \times - \quad \text{或} \quad + \times + \quad \text{或} \quad + \div +$$

无论乘多少个数，偶数个负（－）数相乘都会得到一个正数，奇数个负（－）数相乘结果都会是负数。

规则

$$4 - 2 = 2 \quad 1 + (-7) = -6 \quad 8 - (-3) = 11$$

双重否定——两个负数相加跟正数相加的方法一样，结果取负号

$$-2 - 4 = -6 \text{如同}(-2) + (-4) = -6$$

乘除

同号=正数	异号=负数
$- \div -$	$- \div +$
$- \times -$	$- \times +$
$+ \times +$	$+ \div -$
$+ \div +$	$+ \times -$

例如：

$-2 \times 2 = -4$	$-2 \times (-3) = 6$
$6 \div (-2) = -3$	$4 \times 3 = 12$
$-4 \div 2 = -2$	$6 \div (-3) = -2$
$7 \times (-4) = -28$	$-8 \div (-2) = 4$

实验1
奇妙的直尺计算器

你可以准备两把直尺，把它们横着摆放在一起，做成一个简单的计算装置。

需要准备的东西：

▶ 两把直尺

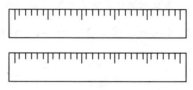

两把直尺

如图1-1所示，将两把尺子竖着排在一起，上面尺子的刻度表示相加的第一个数（如5），下面的尺子的刻度表示相加的第二个数（如4）。将下面的尺子的0刻度对准上面尺子的刻度所代表的数字，最后下面的尺子的刻度所在的位置对应的上面的尺子的刻度就是相加后的值，如5+4=9，见图1-2。

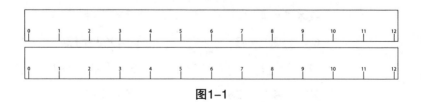

图1-1

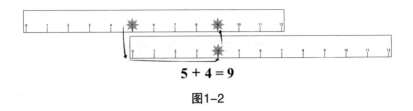

$$5 + 4 = 9$$

图1-2

执行反向操作，进行减法运算。

如图1-3所示，将两把尺子竖着排在一起，上面尺子的刻度表示相减的两个数（如8和5），下面的尺子的刻度表示，上面两数相减的结果。将下面尺子的0刻度对准上面尺子的刻度所代表的数字（注意：是对准减数，即减号后面的那个数，减号前面的数称为被减数），最后下面的尺子的刻度所在的位置对应的上面的尺子的刻度（被减数的刻度）就是相减后的值，如8-5=3。

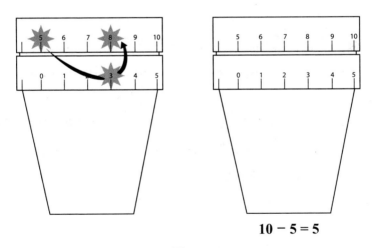

$$10 - 5 = 5$$

图1-3

实验2
奇妙的纳皮尔骨算筹计算器

苏格兰数学家约翰·纳皮尔发现了对数并且发明了一个简单的计算器来计算个位数乘以任意一个四位数以内的数。这种计算器被称为"纳皮尔的骨算筹",因为它最早是由骨头、纸等材料做成。

需要准备的东西：

▶ 纸

▶ 钢笔

▶ 剪刀

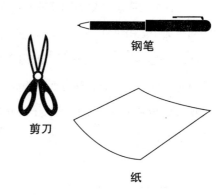

钢笔

剪刀

纸

用剪刀剪出十条纸带，每条纸带用横线分为九行，从第二行开始，每个框都用一条斜线将十位数字与个位数字分隔开。如图1-4所示，动手绘制纸带。

计算4 812×4，先把第4条、第8条、第1条和第2条纸带按顺序对照排列，根据乘数4，将这四条纸带从上往下竖着数第四格的数字标记出来。如图1-5所示。将斜线两侧的数字交错相加，我们就得到了运算的答案。4 812×4=19 248。

图1-6显示了6 375×4的计算过程和结果。

注意：当对角线上的两个数字相加的值等于十或大于十时，左边列上的数值加1。这就是为什么6 375×4的结果是25 500而不是254 100。

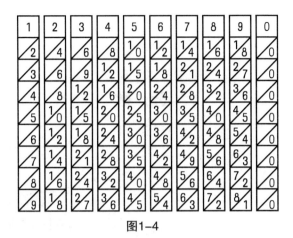

图1-4

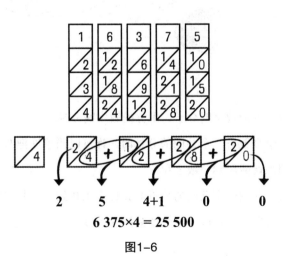

$4\ 812\times4 = 19\ 248$

图1-5

图1-6

分　数

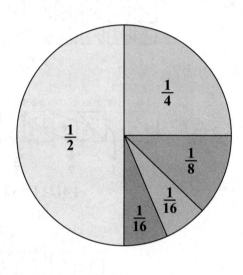

下面是分数的加、减、乘、除的运算法则。

■ 分数上方的数字叫分子，下方的数字叫分母。

■ 当两个分数有一个共同的分母时，你可以简单地把两个分数的分子相加就能得到分数之和。

■ 当两个分数没有共同的分母时，你必须找到一个共同的分母。注意：这里指的仅仅是分数加减法的运算。

在图1-7所示的例子中，分数 $\frac{1}{3}+\frac{3}{8}+\frac{4}{12}$ 相加，你必须找到这三个分母的公倍数。

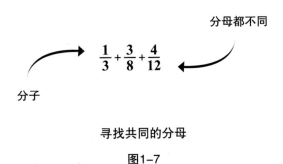

分母都不同

分子

寻找共同的分母

图1-7

列出分母的倍数，直到找到一个公共的分母，然后分子乘上相同的倍数。

$$\frac{1}{3} \qquad \frac{3}{8} \qquad \frac{4}{12}$$

$3 \times 2 = 6$ $3 \times 3 = 9$ $\rightarrow 12 \times 2 = 24$ ★

$3 \times 3 = 9$ $\rightarrow 8 \times 3 = 24$ ★   图1-10

$3 \times 4 = 12$ 图1-9

$3 \times 5 = 15$

$3 \times 6 = 18$

如图1-8、图1-9和图1-10所示，3、8和12的最小公倍数是24。每个分母的数分别乘以对应的倍数，使每个分数的分母为24，每个分子乘以其分母相同的倍数。例如，对于分数 $\frac{1}{3}$，24除以3等于8。8乘以1得到分子数8，所以 $\frac{1}{3}$ 变成了 $\frac{8}{24}$。

$3 \times 7 = 21$

$\rightarrow 3 \times 8 = 24$ ★

图1-8

同样地，对于分数 $\frac{3}{8}$，24除以8等于3。3乘以3得到分子数9，所以 $\frac{3}{8}$ 变成了 $\frac{9}{24}$。

最后，对于分数 $\frac{4}{12}$，24除以12等于2。4乘以2得到分子数8，所以 $\frac{4}{12}$ 变成了 $\frac{8}{24}$。

$\frac{8}{24} + \frac{9}{24} + \frac{8}{24}$ 等于 $\frac{25}{24}$，简化为 $1\frac{1}{24}$，如图1-11所示。

$$\frac{1}{3} = \frac{8}{24}$$

$$\frac{3}{8} = \frac{9}{24}$$

$$\frac{4}{12} = \frac{8}{24} \qquad \frac{8}{24} + \frac{9}{24} + \frac{8}{24} = \frac{25}{24} \qquad 简化为 1\frac{1}{24}$$

图1-11

■**两个分数相减，分母相同，只要分子相减，如图1-12所示。**

分数相减，分母相同时，只需要看分子（分子相减）：

$\frac{7}{9} - \frac{2}{9}$ 仅仅是分子 $7 - 2 = 5$ $\left(结果是 \frac{5}{9}\right)$

当一个较小的分数减去较大的分数时

$\frac{2}{9} - \frac{7}{9}$ 仅仅是分子 $2 - 7 = (-5)$ $\left(结果是 -\frac{5}{9}\right)$

图1-12

■**分数相乘实际上更容易。你不需要找到一个共同的分母。只要把分子与分母分别相乘，如图1-13所示。**

$$\frac{1}{4} \times \frac{2}{3} = \frac{1 \times 2}{4 \times 3} = \frac{2}{12} \ 或 \ \frac{1}{6}$$

图1-13

■**当分数和整数相乘时，先把整数转换成分数形式，然后再相乘。**

例如：$\dfrac{1}{4}\times 2=\dfrac{1}{4}\times\dfrac{2}{1}=\dfrac{2}{4}$ 或 $\dfrac{1}{2}$。另一个例子见图1-14。

分数×整数

$$\dfrac{1}{3}\times 4=\dfrac{1}{3}\times\dfrac{4}{1}=\dfrac{4}{3} \text{ 或 } 1\dfrac{1}{3}$$

乘以4

图1-14

■**分数与带分数的数相乘，将带分数的数转换成假分数（分子大于分母）后再乘以分数，见图1-15。**

分数×带分数的数

$$2\dfrac{1}{2}\times\dfrac{2}{3}=\dfrac{5}{2}\times\dfrac{2}{3}=\dfrac{10}{6}=\dfrac{5}{3}=1\dfrac{2}{3}$$

把带分数转换成假分数

$$2\dfrac{1}{2}=2 \quad \dfrac{1}{2}\Big)+ \quad =\dfrac{5}{2}$$

$$\times \qquad \left(\dfrac{2\times 2+1}{2}\right)$$

图1-15

■**分数相除和分数相乘一样简单。你所要做的就是把第二个分数的分母和分子翻转后再与前面的分数相乘，见图1-16和图1-17。**

分数除以整数

把第二个分数的分母和分子颠倒过来再乘

$$\dfrac{1}{3}\div 4=\dfrac{1}{3}\div\dfrac{4}{1} \quad \rightarrow \quad \dfrac{1}{3}\bigstar\dfrac{1}{4}=\dfrac{1}{12}$$

图1-16

分数除以分数

$$\frac{2}{5} \div \frac{1}{6} = \frac{2}{5} \times \frac{6}{1} = \frac{12}{5} = 2\frac{2}{5}$$

把第二个分数的分母和分子颠倒过来再乘

图1-17

■两个带分数相除，先将它们转换为假分数，再把第二个分数的分母和分子倒转过来与第一个带分数相乘，如图1-18所示。

带分数除以带分数

$$3\frac{1}{4} \div 2\frac{1}{5} = \frac{13}{4} \div \frac{11}{5} = \frac{13}{4} \times \frac{5}{11} = \frac{65}{44} = 1\frac{21}{44}$$

倒过来再相乘

图1-18

接下来讲解的是小数、百分数和分数的运算法则。

■在图1-19中，分数 $\frac{2}{3}$ 的分母是3，3不能被10或100整除，但数字9可以给你一个大概的结果。你可以像这样乘以333：$3 \times 333 = 999$，$2 \times 333 = 666$，就等于 $\frac{666}{999}$（或 $\frac{6}{9}$，确切地说等于小数0.666 666 666 666 67）。

将分数转换成小数

$$\frac{2}{3}=3\overline{\smash{\big)}2.0}^{\,0.66} \approx 0.66 \quad 小数$$
$$\frac{18}{20}$$

图1-19

■把分数转换成百分数（100的一部分），例如：$\frac{5}{8}$。5除以8等于 0.625。转换成百分数，得到62.5%，如图1-20所示。

把分数转换成百分数

$$\frac{5}{8}=8\overline{\smash{\big)}5.0}^{\,0.625}=62.5\%$$
$$\frac{48}{20}$$
$$\frac{16}{40}$$

图1-20

■把小数转换成分数，例如：0.30。先把它写成分数 $\frac{30}{100}$，简化为 $\frac{3}{10}$，见图1-21。

将小数转换成分数

$$0.30=\frac{30}{100}$$
$$\frac{30}{100}\div\frac{10}{10}=\frac{3}{10}$$

图1-21

实验3
奇妙的分数测验

奇妙的分数测验练习可以提高你的分数计算能力。

需要准备的东西：

▶ 纸板

▶ 回形针

▶ 剪刀

▶ 纸

▶ 铅笔

▶ 透明胶带

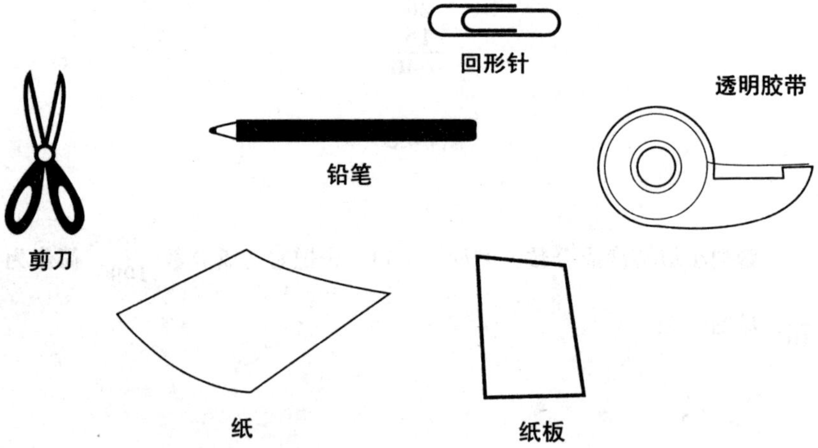

回形针

透明胶带

铅笔

剪刀

纸

纸板

你可以使用下一页的插图作为实验参考，并按步骤操作。

首先，用纸板制作一张直径为3厘米的圆盘，如图1-22所示。

接下来，剪出如图1-23所示的矩形纸盖子，包括"窗口"孔。你也可以先用铅笔画出虚线，然后准确地沿着虚线剪开窗口的部分。

把纸盖子对折，在窗口下方打一个孔，如图1-24所示。在圆盘的中心也打一个孔，如图1-25所示。

如图1-26所示，首先将圆盘放在对折的纸盖子里，这样你就可以在需要的时候拨盘来看到答案。然后小心地将回形针固定夹从盖子外侧穿过圆盘将其固定住。

拨盘选择方程然后通过窗口查看答案，见图1-27。

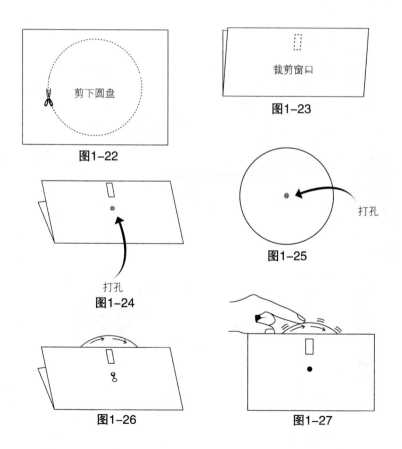

剪下圆盘

图1-22

裁剪窗口

图1-23

打孔

图1-24

打孔

图1-25

图1-26

图1-27

奇妙的分数

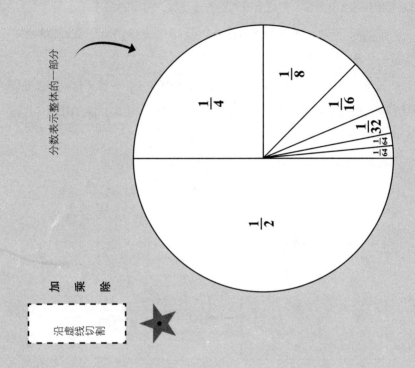

分数表示整体的一部分

加
乘
除

沿虚线切割

$\frac{1}{2}$

$\frac{1}{4}$

$\frac{1}{8}$

$\frac{1}{16}$

$\frac{1}{32}$

$\frac{1}{64}$ $\frac{1}{64}$

转动刻度盘测试你的分数计算技能！

把带分数转换成假分数

$$3\frac{1}{4} = 3 \quad \frac{1}{4}\;) + = \frac{13}{4}$$

$$\left(\frac{3×4+1}{4}\right)$$

把假分数转换成带分数

$$\frac{15}{2} = 2\overline{)15} \quad = 7\frac{1}{2}$$

$$\begin{array}{r} 7.5 \\ \hline 15 \\ 14 \\ \hline 10 \end{array}$$

分数相加

$$\frac{1}{4} + \frac{2}{3}$$

找到共同的分母

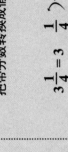

$$\frac{3}{12} + \frac{8}{12}$$

$$\frac{3}{12} + \frac{8}{12} = \frac{11}{12}$$

只需分子相加，你也可以用这种方法做减法！

分数相乘

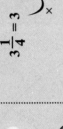

这是很容易的！只是把分子和分母分别相乘。

$$\frac{3}{4} × \frac{1}{3} = \frac{3×1}{4×3} = \frac{3}{12} = \frac{1}{4}$$

换算

分数相除

$$\frac{1}{5} ÷ \frac{2}{3} = \frac{1}{5} × \frac{3}{2} = \frac{1×3}{5×2} = \frac{3}{10}$$

翻转

只需把第二个分数的分母和分子倒过来再与第一个分数相乘即可。

下图是实验的一个举例说明。

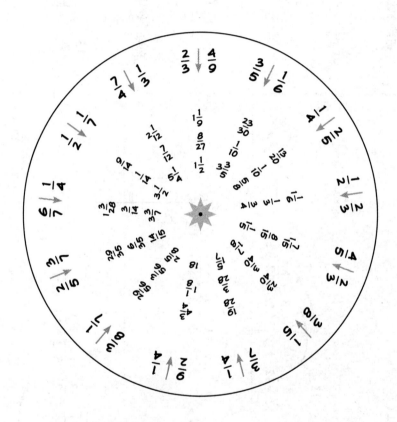

数学卡片制作技巧

如果你手边没有黄铜纸扣，我可以教你如何用剪刀快速地剪出数学卡的窗口，并用回形针将光盘连接起来。

你可以用剪刀剪出数学卡片的窗口部分。从最靠近边沿部分的一侧开始剪裁，如图1-28所示。

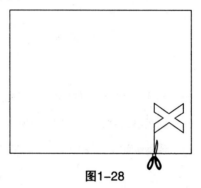

图1-28

然后在卡片的内侧粘上一层透明的胶带，以保证数学卡的牢固，见图1-29。

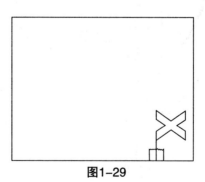

图1-29

图1-30展示了一个回形针,当它在一端的小圆环弯曲时,可以代替纸扣,见图1-31。

图1-30

如果你不想用黄铜纸扣件,你可以弯曲一个回形针并用它来固定数学卡里面的圆盘

图1-31

将一个回形针弯曲成一个1厘米的线圈,一端弯曲

只需将回形针的两端通过数学卡前端的孔以及圆盘的孔,见图1-32。

用胶带将两端固定到圆盘的背面,如图1-33所示。

现在,你可以自由转动圆盘,见图1-34。

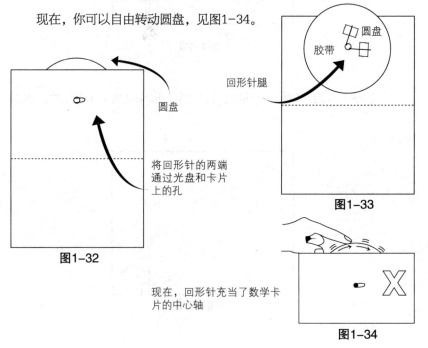

圆盘

将回形针的两端通过光盘和卡片上的孔

图1-32

胶带

圆盘

回形针腿

图1-33

现在,回形针充当了数学卡片的中心轴

图1-34

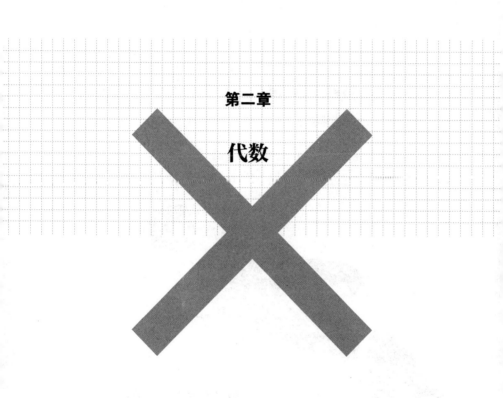

第二章

代数

指数

指数标示在数字或变量的右上角，表示
数或变量乘以自身一定次数。如果指数是2，
这也被称为"2次幂"或称"平方"。

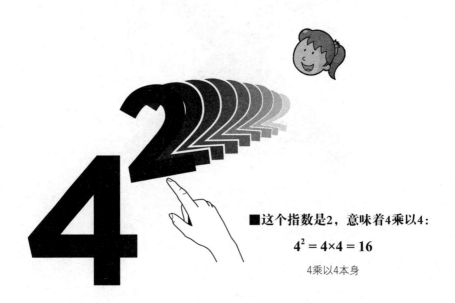

■这个指数是2，意味着4乘以4：

$$4^2 = 4 \times 4 = 16$$

4乘以4本身

掌握它！

4本身 = 4

当指数为2时……

$4^2=4×4=16$

指数2也被称为"平方数"

4 $\qquad$ 4^2

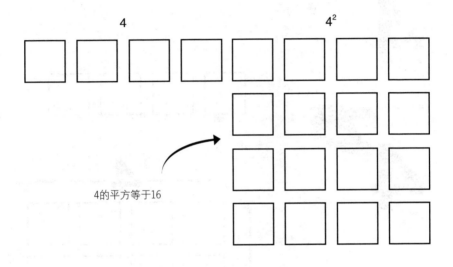

4的平方等于16

　　可以用其他指数,如3,这就是所谓的"立方",
表示一个数乘以自己3次。

$$4^3=4\times4\times4=64$$

平方根

一个数的平方根与"平方"相反。

■ "16的平方根"是指一个乘以自己等于16的数。

答：4或（−4）。

■平方根符号被称为根号。平方根里的数目被称为被开方数。

掌握它！

"**16的平方根**" = 4或（–4），因为4 × 4 = 16，（–4）×（–4）=16。

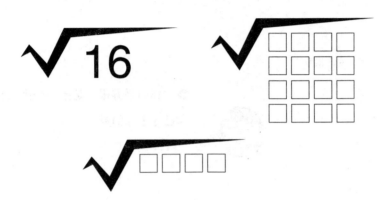

注：一个根号符号表示一个平方根。

它是符号的缩写，它的左上角省略了一个小的2，意思是"平方根"的数字。

如果我们想要"立方根"的一个数，我们会在左上角放一个小3。

实验4
奇妙的幂和平方根的测算

你可以用日常的工具来练习幂和平方根的计算。

需要准备的东西：

▶ 纸板

▶ 回形针

▶ 剪刀

▶ 纸

▶ 铅笔

▶ 透明胶带

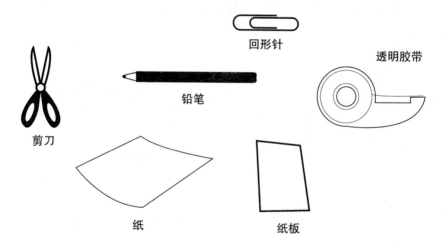

回形针

透明胶带

铅笔

剪刀

纸

纸板

你可以使用下一页的插图作为实验参考，并按步骤操作。

首先，用纸板制作一张直径为3厘米的圆盘，如图2-1所示。

接下来，剪出如图2-2所示的矩形纸盖子，包括"窗口"孔。或者，你可以用铅笔画虚线，准确地沿着虚线剪开窗口的部分。

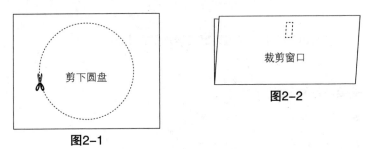

把盖子对折，在窗口下方打一个孔，见图2-3。在圆盘的中心也打一个孔，如图2-4所示。

如图2-5所示，将圆盘放入外盖中，并小心地将外盖上的回形针的固定夹推入并穿过圆盘的孔洞。

拨盘选择方程然后通过窗口查看答案，见图2-6。

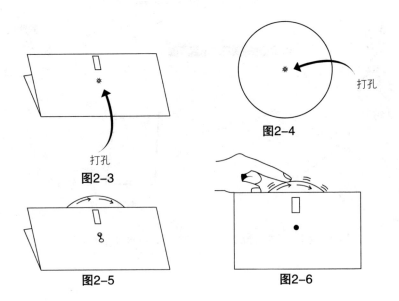

下图是实验的一个举例说明。

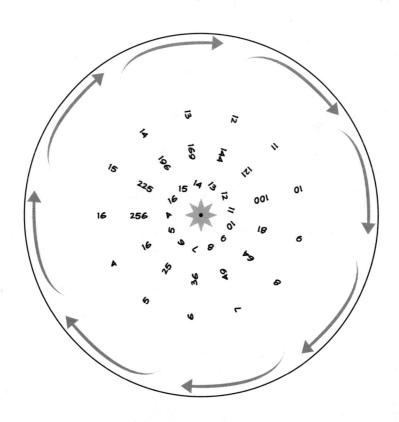

幂与平方根
幂

指数标示在数字或变量的右上角，表示数或变量乘以自身一定次数。

4^2就是4的2次幂

请参见这个图形示例：

$4 = $ ⁴

$4^2 = $ ⁴

$4 = $ ⁴

$4 = $ ⁴

$4^2 = 4 \times 4 = 16$

幂与平方根

平方根

一个数的平方根是相反的"平方"。

转动刻度盘，测试你的幂和平方根计算能力。

$$\sqrt{} = \square$$

$$\sqrt[2]{} = \square$$

沿虚线切割。

$$\sqrt{16} \Rightarrow \sqrt{16}$$

$$\sqrt{4} \Rightarrow 4 \times 4 = 16$$

$$\sqrt{16}$$

意思是："哪个数字乘以它自己等于16？"

变量

变量是一个代号或字
母，如 x。

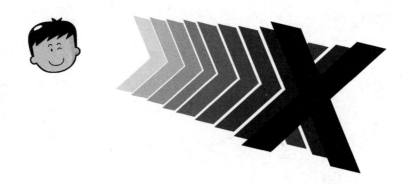

■变量就像一个口袋，一个容纳数字的口袋——我们只是不知道口
袋里装的是什么。但所有的数学规则都适用于它。

■其他的字母可以表示其他的值。例如，t、v 和 d 分别代表时间、
速度和距离。

■例如：$f(x)$，或 x 的函数，是一个依赖于 x 值的变量，函数定义
输入和输出之间的关系。

把变量x单独放在等号的一边:

求解 X :

$$X + 3 = 7$$

$$X + 3 - 3 = 7 - 3$$

这两个互相抵消

$$X + 3 - 3 = 4$$

$$X = 4$$

函数

函数是两个变量之间的关系。

■函数是两个变量之间的关系，在一个变化过程中，发生变化的量叫变量（数学中，常常为x，而y随x值的变化而变化），有些数值是不随变量改变而改变的，我们称它为常量。

掌握它!

f(x)〉〉〉〉〉〉〉〉f(x)

公式: $f(x) = X + 5$

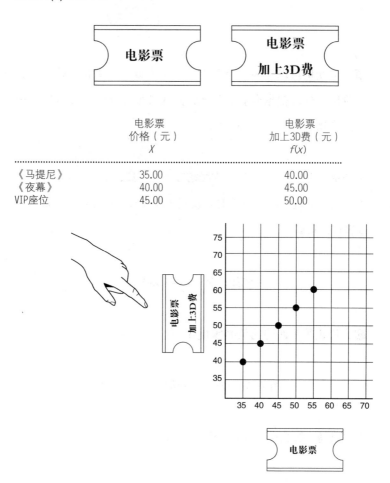

	电影票 价格（元） X	电影票 加上3D费（元） $f(x)$
《马提尼》	35.00	40.00
《夜幕》	40.00	45.00
VIP座位	45.00	50.00

代数变量

代数可以使用变量表示数学，简化计算。

■ 一个变量可以代表一个数字、一个人或一件事物，就像电影票的价格一样，根据电影的放映时间或类型（3D、IMAX巨幕电影）而变化。

小提示：由于字母x在代数中经常被用作变量，所以它不被用来表示乘法符号。当我们进行乘法运算时，我们可以在数字和变量之间放置一个小点，或者直接省略。

例如：4x表示4乘以X。

■ 方程式等号两边的值必须相等。

方程式 1+3=4，两边值的和都是4

你可以通过等式一侧的值来求解变量的值。

提示：如果要分离变量，只需要在等号的两边同时加上或者减去相同的数就可以了。

■**用乘法、除法进行相同的运算。**

■**它的运算原理是：在方程$x+2=7$中求解x，从左边去掉常数2，使变量x独立出来，同时为了等式相等，右边也要减去2，这样：**

$$X + 2 = 7 \rightarrow X + 2 - 2 = 7 - 2$$

由于$+2-2$相互抵消，剩下的是$x=5$。

■**当等式两边都有变量时，可以像常量一样处理变量，在等式两边增减变量就可以了。**

例：

$$X + 3 = 2X$$
$$X + 3 = 2X$$
$$X - X + 3 = 2X - X$$
$$3 = 1X$$
$$(或 X = 3)$$

■代数变量演示

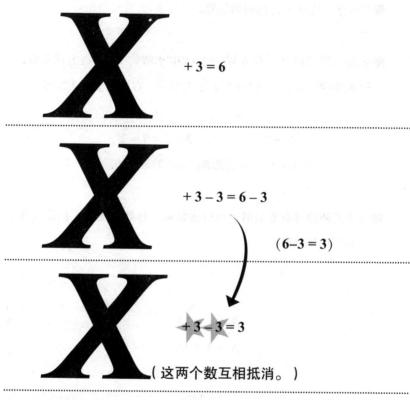

$X + 3 = 6$

$X + 3 - 3 = 6 - 3$

$(6 - 3 = 3)$

$X + 3 - 3 = 3$

（这两个数互相抵消。）

 $= 3$

方程和公式

■**一个方程中间有一个等号，说明两边相等。像这样：**

$$X + 2 = 6$$

左边的（$x + 2$）等于右边的6。

■**公式是一种特殊的方程，它表示不同变量之间的关系。**

例如：计算盒子容积的公式是：

或（V=H乘以W再乘以L）

V =容积，H =高度，W =宽度，L =长度

如图2-7所示：

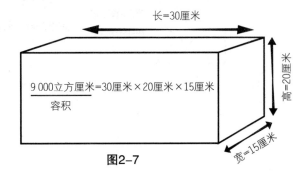

9 000立方厘米=30厘米×20厘米×15厘米
容积

长=30厘米

高=20厘米

宽=15厘米

图2-7

■身体质量指数公式是：

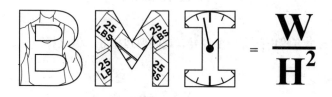

BMI=身体质量指数，W=体重，H=身高

例如：

$$\frac{50千克}{1.6米的平方}$$

体重指数=19.53

■速率公式是：

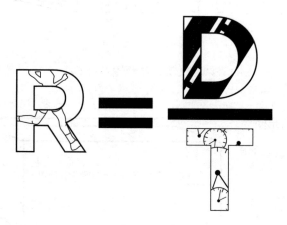

R=速率，D=距离，T=时间

■简单的利息公式是：

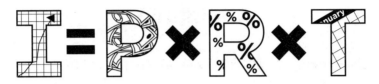

$I=$利息，$P=$本金，$R=$利率，$T=$时间

例如：

本金	**1 000元**		**1 000**
利率	**3%**	**×**	**0.03**
时间	**1年**	**×**	**1**
利息			**30.00**

■复利公式是：

未来价值=本金×（1+利率）时间年数的幂

例如：

本金	**1 000元**		**1 000.00**
利率	**3%**	**×**	**1.092 727**
时间	**3年**		**1 092.727**

数学表达：**1 000.00 (1 + 0.03)³**
　　　　　　本金　　　利率

在计算器上计算：

$$1.03 \times 1.03 \times 1.03 \times 1\,000 = 1\,092.727$$

实验5
奇妙的代数计算器

想要一个装置来帮助你计算代数变量值吗？自己动手制作一个，这样无论在哪，你和你的小伙伴们都可以用这个奇妙的代数计算器来计算X。

需要准备的东西：
- ▶ 纸板
- ▶ 回形针
- ▶ 剪刀
- ▶ 纸
- ▶ 铅笔
- ▶ 透明胶带

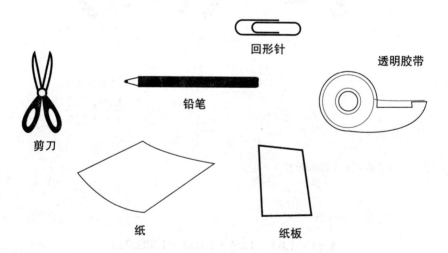

你可以使用下一页的插图作为实验参考，并按步骤操作。

首先，用纸板制作两个直径为3厘米的圆盘，如图2-8所示。

接下来，裁剪出如图2-9形状的纸盖，包括显示"窗口"的矩形盖孔。或者你可以用铅笔在纸盖上画上虚线，然后小心地沿着虚线剪出"窗口"。

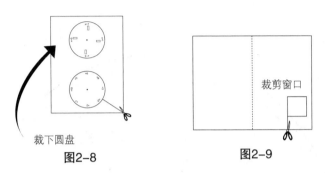

裁下圆盘
图2-8

裁剪窗口
图2-9

把盖了对折，在窗口下方打一个孔，见图2-10。在圆盘的中心也打一个孔，如图2-11所示。

把圆盘放在盖子上，将外盖上回形针的固定夹推入并穿过圆盘的孔洞，如图2-12所示。

在窗口周围拨号并查看窗口中的信息，见图2-13。

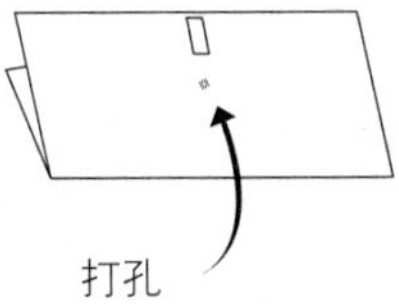

打孔
图2-10

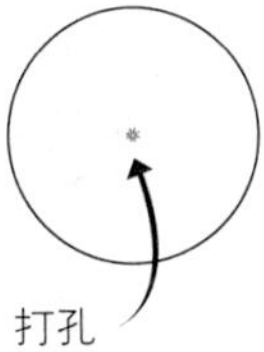

打孔
图2-11

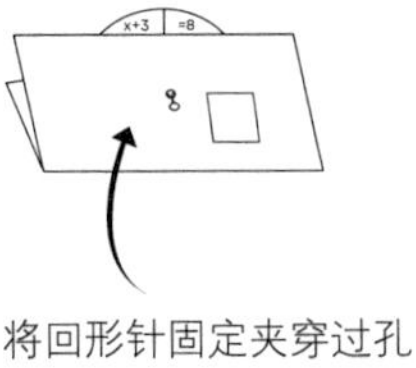

将回形针固定夹穿过孔
图2-12

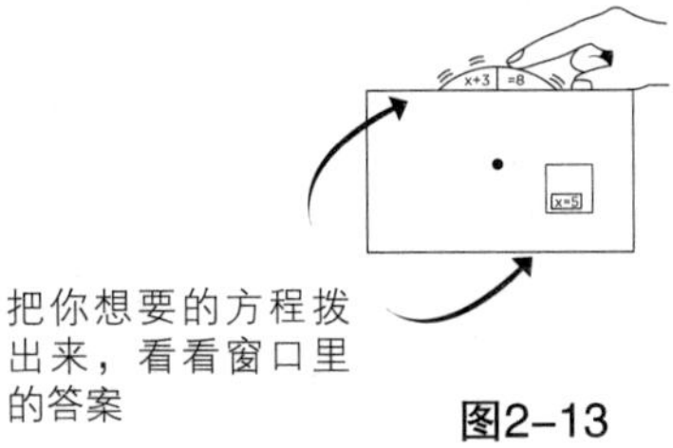

把你想要的方程拨出来，看看窗口里的答案
图2-13

下图是实验的一个举例说明。

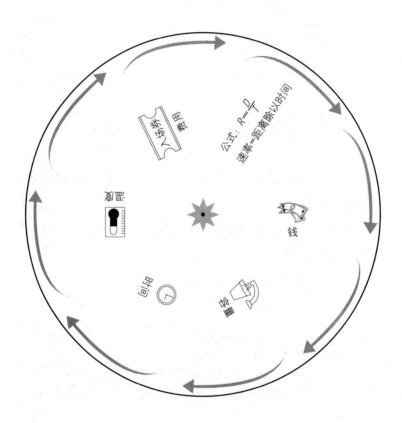

下图是实验的一个举例说明。

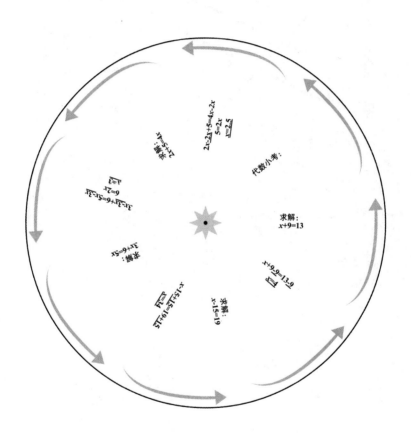

代数变量

字母x可以表示一个变量：

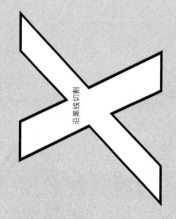

沿虚线切割

变量相当于是一个未知量的占位符。

一个因变量，或函数，如f（x），

它的值随着变量的值变化而变化。

变量可以是数字，也可以是人或事物，比如是电影票。

变量，如X或C或F，应用方程式和公式计算能节省时间。

代数变量

方程式等号的两边的值必须相等。

1+3=4

两边的值的和都是4。

求解方程 $x+3=6$ 中 x 的值，从两边减去常数3。

在左侧减去3

在右侧减去3

方程相等：$x=3$

沿黑线切割

当方程两边都有同一个变量时，以这种方式分离它们：

$X+3 = 2X \rightarrow X-X+3 = 2X-X$

相互抵消

$3 = 1X$ 或 $X = 3$

这样你可以在等式的一侧得到一个变量的值。

下一步
代数在语言问题中的应用

■**小明比小珍大三岁。**已知小珍22岁，那么小明的年龄是多少?

变量*A*将代表小明的年龄，小珍的年龄是22岁，所以等式的形式是这样的:

$$A - 3 = 22$$

让我们来求解*A*:　$A - 3 + 3 = 22 + 3$

$$A = 25$$

■**你也可以使用这种方式来计算完成目标所需要的时间。**

例1: 已知小华每小时可以制作5支箭，那么小华制作15支箭需要多长时间?

公式: $\dfrac{G}{R} = T$

目标/速率=时间

（目标除以工作效率=完成的时间）

$$\frac{15}{5} = 3$$

（15支箭除以小华每小时能制作5支箭 = 3小时完成）

（当有两个或两个以上的人参与时，可以使用相同的方法。）

例2：小华每小时能制作5支箭，李明每小时只能制作3支箭。如果他们一起工作，制作15支箭需要多长时间？

$$\frac{15}{5+3} = 1.8$$

（小华的5支箭+李明的3支箭，相当于每小时8支箭；15支箭÷8支箭每小时＝1.8小时完成）

例3：小杨可以在6小时内打扫完公寓，小王可以在4小时内打扫干净。如果他们一起工作，要多长时间才能打扫完公寓？

使用公式 $\frac{G}{R} = T$，我们的目标 = 1，或 $\frac{12}{12}$（当整个公寓都打扫干净了）。小杨的速率是每小时 $\frac{1}{6}$ 的工作量。小王的速率是 $\frac{1}{4}$ 每小时。他们转换成公分母分别是 $\frac{2}{12}$ 和 $\frac{3}{12}$，它们的和是 $\frac{5}{12}$ 每小时。所以，12除以5等于2.4，他们一起打扫公寓需要花2小时24分钟。

飞行速率问题

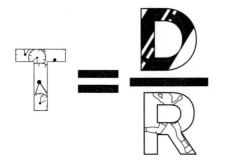

■两位超级英雄相距500千米。比尔从西向东以每小时100千米的速度飞行，而安妮从东向西以每小时80千米的速度飞行。如果他们全速飞行，他们要多久才能相遇？

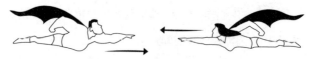

使用公式 　距离/速率=时间

100千米每小时+80千米每小时 = 180千米每小时。

500千米/180千米每小时=2.8小时，他们相遇需要2.8个小时。

工作问题

■粉刷一间房子，比尔可以在32个小时内完成，凯文可以在40个小时内完成，彼得可以在16个小时内完成。如果他们3人一起工作，要花多长时间可以粉刷完这间房子？

首先，计算每个人每天完成多少工作，假设一天按8小时工作量计算。

$$比尔: \frac{1}{4}$$
$$凯文: \frac{1}{5}$$
$$彼得: \frac{1}{2}$$

接下来，找出3个分数的公分母（20），然后把3个分数转换成分母相同的分数相加：

$$\frac{5}{20} + \frac{4}{20} + \frac{10}{20} = \frac{19}{20}$$

所以3个人一起工作，粉刷完房子需要的时间略低于8小时，准确的是7.6个小时，步骤显示在下面：

$$让我们交叉相乘 \frac{19}{20} \times \frac{X}{8} 找到速率：$$

$$X \times 20 = 20X \quad 19 \times 8 = 152$$

$$所以：20X = 152 \quad 152 \div 20 = 7.6$$

实验6
代数函数和奇妙的温度转换器

用一个神奇的圆盘计算器来检验你在日常生活中的代数计算能力。

需要准备的东西：

▶ 纸板

▶ 回形针

▶ 剪刀

▶ 纸

▶ 铅笔

▶ 透明胶带

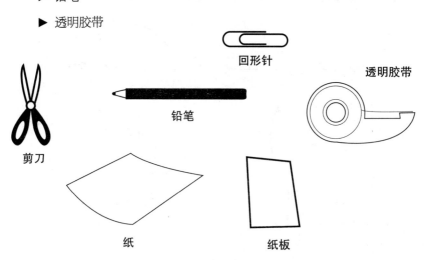

回形针

透明胶带

铅笔

剪刀

纸

纸板

你可以使用下一页的插图作为实验参考，并按步骤操作。

用纸板制作一张直径为3厘米的圆盘，如图2-14所示。接下来，剪出如图2-15所示的矩形盖，包括"窗口"孔。

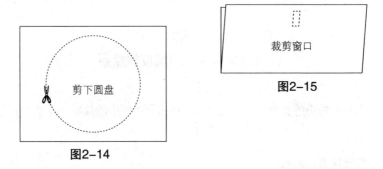

剪下圆盘

图2-14

裁剪窗口

图2-15

把盖子对折，在窗口下方打一个孔，如图2-16所示。在圆盘的中心也打一个孔，如图2-17所示。

把圆盘放在盖子上，将外盖上的回形针固定夹推入并穿过圆盘的孔洞，如图2-18所示。

在窗口周围拨号并查看窗口中的信息，见图2-19。

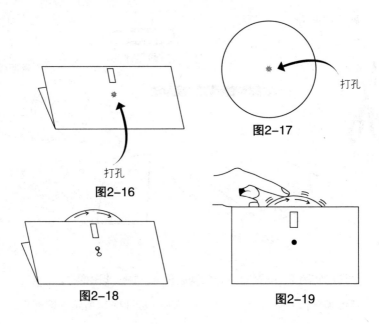

打孔

图2-17

打孔

图2-16

图2-18

图2-19

下图是实验的一个举例说明。

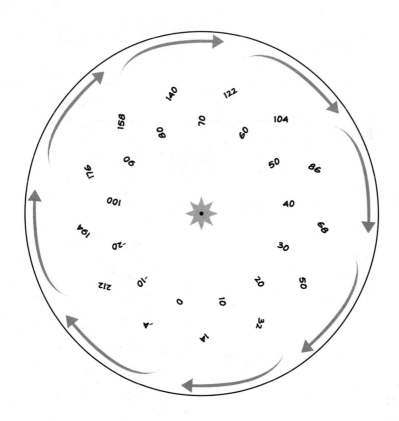

奇妙的温度转换器

下面的代数公式可以将摄氏温度转换为华氏温度，反之亦然。

$[X-32（°F）]×5÷9=（°C）$

函数:$f（x）=（X-32）×5÷9$

例如：$75（°F）-32=43→43×\dfrac{5}{9}=\dfrac{215}{9}=23.8（°C）$

华氏温度　　　　　　　摄氏温度

$（°C）×1.8+32=（°F）$

函数:$f（x）=X×1.8+32$

例如:$10（°C）×1.8+32=50（°F）$

摄氏温度　　　　　　华氏温度

°F　华氏温度

°C　摄氏温度

沿虚线切割

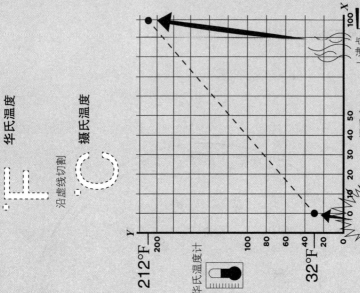

212°F

华氏温度计

32°F

冰点

沸点

摄氏温度

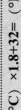

代数函数

函数表示两个变量之间的关系。函数是一个预定义的公式，它使用$f(x)$来表示。$f(x)$意味着x的函数。

在这个例子中，变量$f(x)$等于变量$(x+2)$的值。代数函数可以显示在图表上表现趋势，如例1所示。

例1: $f(x) =x+2$

X	$f(x)$
如果$x=1$,	则$f(x) =3$
如果$x=2$,	则$f(x) =4$
如果$x=3$,	则$f(x) =5$

例2: $f(x) =x^2$

X	$f(x)$
如果$x=2$,	则$f(x) =4$
如果$x=3$,	则$f(x) =9$
如果$x=4$,	则$f(x) =16$
如果$x=5$,	则$f(x) =25$
如果$x=6$,	则$f(x) =36$

例子: $f(x) =X+0.1X$

$X \quad f(x)$

电影票 | 3D电影票 加10% 3D费用

f(x)（电影票）+0.1X（3D费用）

60.00
55.00
50.00
45.00
40.00
35.00
0   35.00 40.00 45.00 50.00 55.00

电影票（元）

坐标平面

■坐标平面是在平面上显示的带有编号或者字母的行和列。通常在自动售货机、地图、棋盘和战舰游戏中可以见到。

■坐标平面可以让你对代数公式或等式有直观的了解。

垂直平面或竖轴可以用变量y表示，也称为值域。

水平面或横轴可以用变量x表示，也称为定义域。

■当在坐标平面上显示两个或两个以上的点时，两点之间就会产生一条斜线。这条斜线可以表示斜率、速率或两点间的距离等。

斜率=垂直变化/水平变化。

■如图2-20所示，坐标轴上有一个点。这个点位于（3,4），在x轴上对应的值为3，在y轴上对应的值是4。

■在图2-21中，两个点A、B分别位于（1,1），（3,3）。

要计算这两点所连成的直线的斜率，可以用下面的斜率公式：

$$斜率 = \frac{垂直移动距离}{水平移动距离}$$

平面直角坐标系

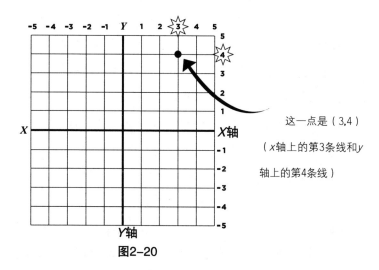

这一点是（3,4）

（x轴上的第3条线和y轴上的第4条线）

图2-20

直线的斜率（在坐标平面上）

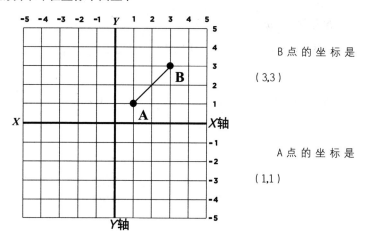

B 点 的 坐 标 是

（3,3）

A 点 的 坐 标 是

（1,1）

图2-21

计算一条线的斜率的公式是：

$$斜率 = \frac{Y2-Y1}{X2-X1}$$

斜率=垂直移动距离/水平移动距离，或y的变化除以x的变化。

使用上面的线坐标，（1,1）（3,3）：

斜率=(3–1) / (3–1) = 2/2 = 1

$$斜率 = \frac{3-1}{3-1} = \frac{2}{2} = 1$$

实验7
坐标平面测试

需要准备的东西：

▶ 纸板

▶ 回形针

▶ 剪刀

▶ 纸

▶ 铅笔

▶ 透明胶带

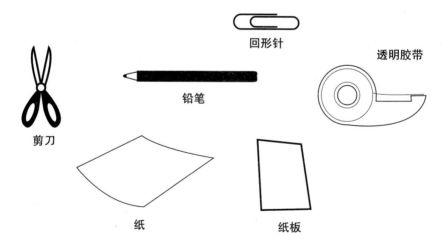

你可以使用下一页的插图作为实验参考，并按步骤操作。

首先，用纸板制作一张直径为3厘米的圆盘，如图2-22所示。

接下来，切出如图2-23所示的矩形盖，包括"窗口"孔。

把矩形盖对折，在窗口下方打一个孔，见图2-24。在圆盘的中心也打一个孔，如图2-25所示。

把圆盘放在盖子上，将外盖上的回形针固定夹推入并穿过圆盘的孔洞，如图2-26所示。

在窗口周围拨号并查看窗口中的信息，见图2-27。

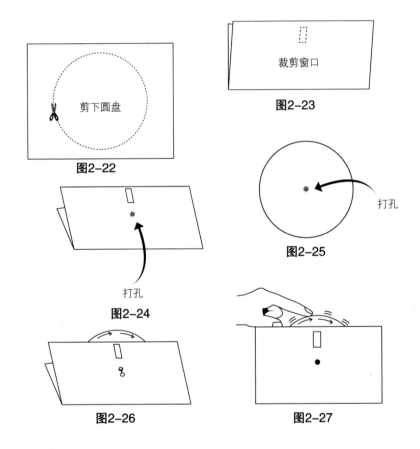

剪下圆盘

图2-22

裁剪窗口

图2-23

打孔

图2-25

打孔

图2-24

图2-26

图2-27

下图是实验的一个举例说明。

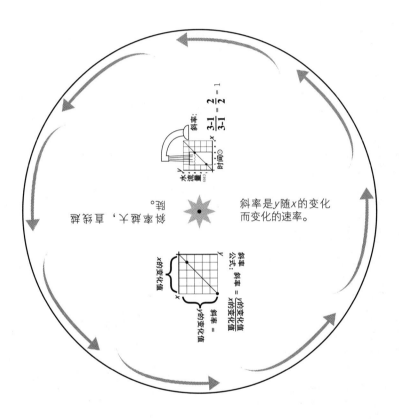

坐标平面测试

坐标平面可以让你对代数公式或方程有直观的了解。

沿虚线裁剪

垂直平面或竖轴由变量 y 表示。水平面或横轴由变量 x 表示。

斜率公式：斜率 = $\dfrac{Y\text{的变化}}{x\text{的变化}}$

直线的斜率

点（8,8）

点（7,6）

这是点（2,1）
2在x轴上，1在y轴上。

斜线可以表示斜率、速率或两点间的距离等。

这条线的斜率是：

$$\frac{8-6}{8-7} = \frac{2}{1} = 2$$

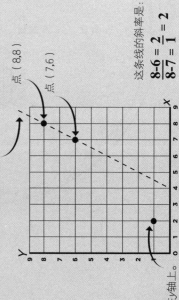

坐标平面测试

坐标平面是在平面上显示的带有编号或者字母的行和列。通常在自动售货机、地图、棋盘和战舰游戏中可以见到。

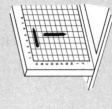

战舰游戏

地图

棋盘

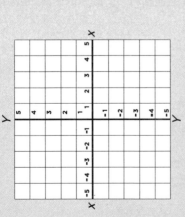

坐标平面

自动售货机

下一步
计算步骤

■当一个题目中有带括号的数、指数、幂或平方根时，你必须按照特定的步骤来计算。你可以记住这个缩写：

BODMAS
B：括号

O：其他项

D：除法

M：乘法

A：加法

S：减法

首先，计算括号内的项。然后依次计算幂和平方根和其他分组符号。

接下来，计算除法和乘法（从左到右），最后再计算加法和减法（从左到右）。

例：　　　　计算 $4 + 6 \times 2$，

　　　　　加法前先算乘法：$6 \times 2 = 12$，

　　　　　然后：$4 + 12 = 16$。

例：　　　　计算 $(1 + 6) \times 2$，

　　　　　先计算括号内：$(1 + 6) = 7$，

　　　　　然后：$(7) \times 2 = 14$.

第三章

几何学和三角函数

数学符号
θ

θ

表示未知的角度

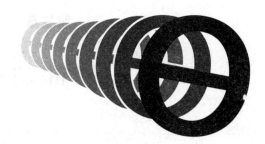

掌握它！

当你不知道角度是多少的时候……

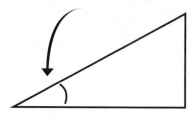

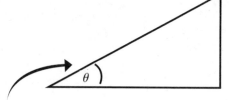

使用符号 θ 表示数学问题中的未知角度

数学符号

π

π

表示数字3.141 5……（它将永远持续下去！）。圆周率π是圆的周长与直径的比值。

$$\pi = \frac{C}{D}$$

（圆周率=周长/直径）

掌握它！

ππ

如果你知道一个圆的直径，你可以用圆周率公式计算圆的周长。

$$2R = D$$

（2倍半径=直径）

$$2R\pi = D\pi$$

（2倍半径乘以圆周率=直径乘以圆周率）

$$C = D\pi$$

（周长=直径乘以圆周率）

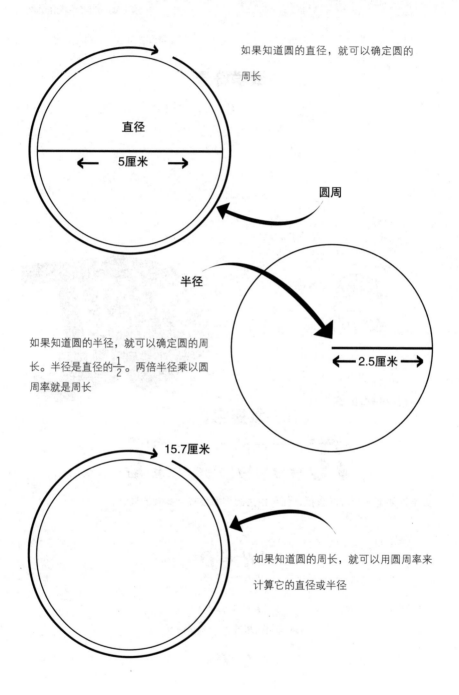

如果知道圆的直径，就可以确定圆的周长

直径

← 5厘米 →

圆周

半径

← 2.5厘米 →

如果知道圆的半径，就可以确定圆的周长。半径是直径的 $\frac{1}{2}$。两倍半径乘以圆周率就是周长

15.7厘米

如果知道圆的周长，就可以用圆周率来计算它的直径或半径

几何学入门

■几何可分为：

欧氏几何学，涉及线、圆、三角形等图形；立体几何涉及立方体、棱柱和金字塔等三维物体。

几何学是关于线条、形状、角度、空间以及它们的属性的学科。

■常见多边形的名称和边的数目：

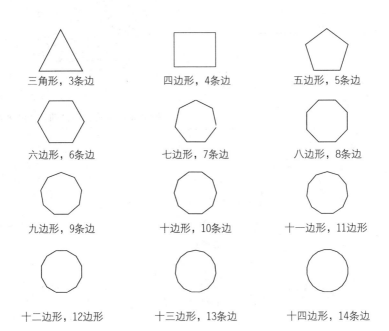

三角形，3条边　　　四边形，4条边　　　五边形，5条边

六边形，6条边　　　七边形，7条边　　　八边形，8条边

九边形，9条边　　　十边形，10条边　　　十一边形，11边形

十二边形，12边形　　　十三边形，13条边　　　十四边形，14条边

■多边形面积的计算公式：

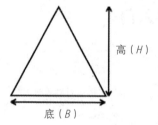

三角形：面积= $\frac{1}{2}BH$

（BH =底x高）

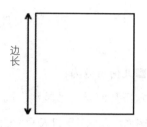

正方形：面积=边长的平方

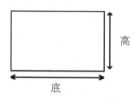

矩形（长方形）：面积= 底×高

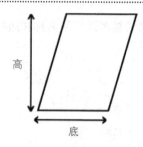

平行四边形或菱形：面积= 底×高

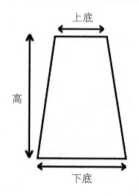

梯形：

面积= $\frac{1}{2}$ ×高（下底+上底）

（面积= [底1 +底2]×垂直高度x $\frac{1}{2}$ ）

■立体几何图形表面积和体积的计算公式:

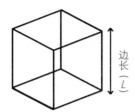

立方体:

表面积$= 6L^2$(6×1条边长的平方)

体积$= L^3$(1条边长的立方)

长方体:

表面积$= 2(LH + LW + HW)$

体积=长×宽×高

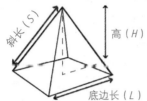

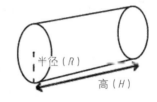

方形金字塔:

表面积$= 2HS + L^2$

体积$= \dfrac{1}{3}L^2H$

圆柱体:

表面积$= 2\pi R^2 + 2\pi RH$

体积$= \pi R^2 H$

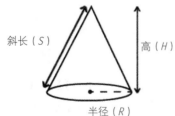

圆锥体

表面积$= \pi RS + \pi R^2$

体积$= \dfrac{1}{3}\pi R^2 H$

球(体):

表面积$= 4\pi R^2$

体积$= \dfrac{4}{3}\pi R^3$

实验8
欧拉多面体公式演示

瑞士数学家莱昂哈德·欧拉发现了扁平无曲线的平边几何图形的共同特征——它们都遵循这一公式：

$$V - E + F = 2$$

$$V = 顶点数$$

（这是多边的交汇点）

$$E = 边数$$

$$F = 面数$$

（它是边的表面积）

无论一个多面体的形状是什么样，公式的结果总是2（除了计算机生成的特殊形状），见图3-1。

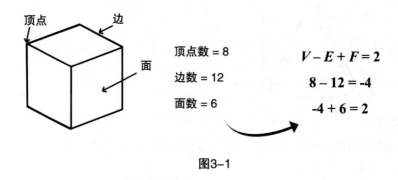

顶点数 = 8

边数 = 12

面数 = 6

$$V - E + F = 2$$

$$8 - 12 = -4$$

$$-4 + 6 = 2$$

图3-1

图3-2是一个四面体，它有4个顶点、6条边、4个面。计算的结果是：

$$4 - 6 + 4 = 2$$

图3-3、图3-4、图3-5分别展示了不同形状的多面体，它们都遵循欧拉多面体公式。

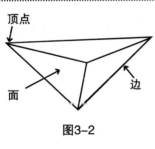

图3-2

$$V - E + F = 2$$
$$4 - 6 + 4 = 2$$

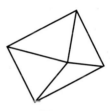

图3-3

$$V - E + F = 2$$
$$5 - 8 + 5 = 2$$

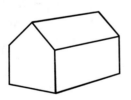

图3-4

$$V - E + F = 2$$
$$10 - 15 + 7 = 2$$

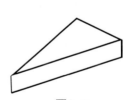

图3-5

$$V - E + F = 2$$
$$6 - 9 + 5 = 2$$
$$-3 + 5 = 2$$

你可以用一块奶酪来演示欧拉多面体公式。

需要准备的东西：

▶ 奶酪块

▶ 小刀

小刀

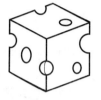

奶酪块

沿着奶酪块对角线的方向切去一端，见图3-6。

切掉奶酪块的一端，并计算剩下的多面体
的顶点数、边数、面数

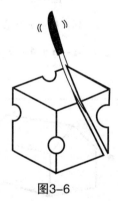

图3-6

计算剩余的顶点、边、面，用欧拉多面体公式写出你的结果。

不断地从奶酪块上沿对角线切下一部分，你会发现每次剩下的多面体
都会遵循这个公式，见图3-7、图3-8、图3-9、图3-10。

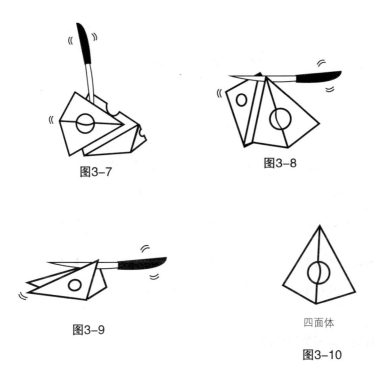

图3-7

图3-8

图3-9

四面体

图3-10

圆：直径和周长

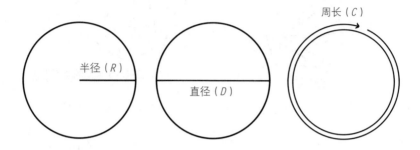

■圆的半径是从中心到边缘的直线距离。直径是以圆的一边为起点，穿过中心，到达圆的另一边的直线。

■周长是圆的边缘的长度。

■当你用周长除以直径时，你会得到3.141 5……这是圆周率的数值。

$$\pi \approx 3.14$$

周长的计算公式：

周长=圆周率×直径

或

$C = 2\pi R$

或

$C = \pi D$

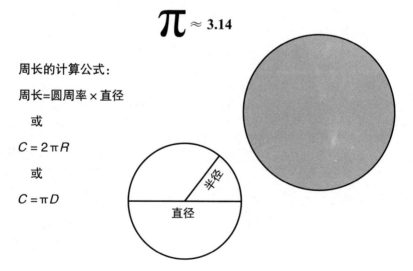

实验9
奇妙的 π 杯

和朋友们一起制作 π 杯，这样就能更加了解圆的计算公式了。

马克笔

需要准备的东西：

▶ 塑料杯

▶ 马克笔

塑料杯

制作

只需在杯子的一侧写上圆周率的符号和数值，如图3-11所示。

在杯子的另一侧，写上圆周率的公式，如图3-12所示。

在杯子的底部，测量它的直径并写出图3-13所示的信息，学会计算杯子的周长。

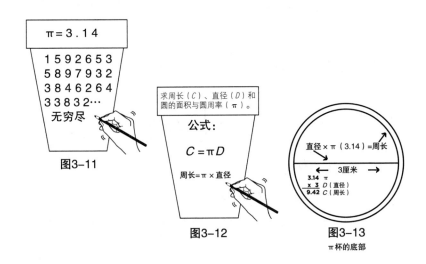

π = 3.14

1592653
5897932
3846264
33832…
无穷尽

图3-11

求周长（C）、直径（D）和圆的面积与圆周率（π）。

公式：

$$C = \pi D$$

周长＝π×直径

图3-12

直径×π（3.14）＝周长

3厘米

3.14 π
x 3 D（直径）
9.42 C（周长）

图3-13

π杯的底部

三角函数入门

■三角形的三个角的总和是180° 。

三角形是最简单的形状，因为它是具有最少的边的图形。

■三角形的类型：

等边三角形

三条边长度相等
三个角相等
(所有角都是60°)

锐角三角形

三个角的角度都小于90°

等腰三角形

两条边相等
两个角相等

直角三角形

有一个是直角（90° ）

不等边三角形

不等边（三条边都不相等）
不相等的角（三个角都不相等）

钝角三角形

有一个角的角度超过90°

■**三角形的面积公式：**

$$面积 = \frac{1}{2} \times B \times H$$
（面积是底乘高的一半）

·B是三角形底的长度。

·H是三角形的高（垂直测量）。

·三角形的面积是一个具有相同的底和高的平行四边形的面积的一半。

勾股定理

勾股定理是一个基本的几何定理，指直角三角形的斜边的平方（直角相对的边）等于两条直角边的平方和。

这个公式是这样的：$A^2+B^2=C^2$，见图3-14。

图3-14

图3-15和图3-16显示了"A""B"和"C"的"平方"的物理版本。

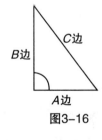

图3-16

图3-15

在图3-17中显示的三角形，A边是3厘米，B边是4厘米。

A边的平方是9，B边的平方是16。两边的总数是25。25的平方根是5。所以，侧边C的边长是5厘米。

用勾股定理，可以快速计算出路径长度，如图3-18所示。

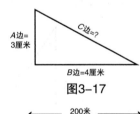

图3-17

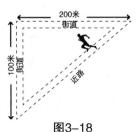

图3-18

实验10
三角形勾股定理演示

使用普通的纸就可以很容易地证明勾股定理（$A^2+B^2=C^2$），通过动手演示，可以加深你对定理的理解和记忆。

需要准备的东西：

▶ 纸

▶ 剪刀

▶ 钢笔

▶ 直尺

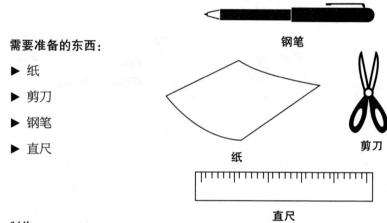

钢笔

纸

剪刀

直尺

制作

在纸上画一个直角三角形，如图3-19所示。对两个直角边进行测量，并计算它们的平方和，如图3-20所示。

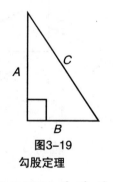

图3-19
勾股定理

（适用于直角三角形）$A^2+B^2=C^2$

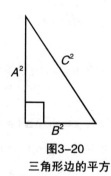

图3-20
三角形边的平方

已知$A=4$，$B=3$，根据公式$A^2+B^2=C^2$。可得$C^2=25$厘米，所以$C=5$，用直尺测量C的长度，看定理是否正确

数学公式证明

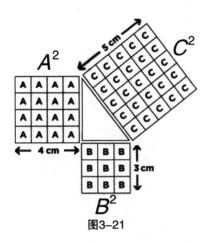

图3-21

注：A边和B边是直角三角形的两条直角边，C边是直角三角形的斜边。

接下来，从A边上剪下两个小长方形，如图3-22所示。

从C边上拆下一个小正方形，把大块的边A放在三角形的边C上，见图3-23。

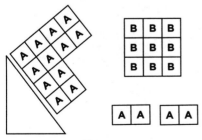

图3-23

裁剪并标注与三角形三个边边长相等的三个正方形，如图3-21所示。把它们放在三角形的三条边上，保证三角形的边长和与它对应的正方形的边长相等。

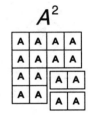

图3-22

例1：边A=4厘米
边B=3厘米
斜边C的长度是多少？
$A^2=3\times3=9$
$B^2=4\times4=16$
$A^2+B^2=25$
25的平方根是5
C边=5厘米，因为
$C^2=5^2=25$

将B边的正方形放置在C边的正方形的旁边，如图3-24所示。

最后，把两个小块A切开放在相应的位置来补齐正方形，见图3-25。

正如你所看到的，$A^2+B^2=C^2$。

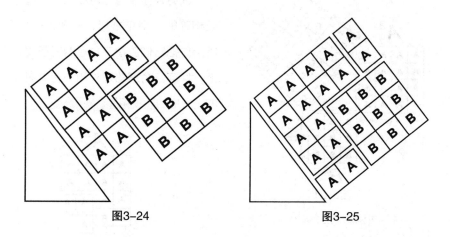

图3-24　　　　　　　　　　图3-25

实验11
三角形勾股定理挑战

用回形针和吸管制作一个简单但具有挑战性的装置来学习勾股定理。

需要准备的东西：

- ▶ 吸管
- ▶ 回形针
- ▶ 纸
- ▶ 透明胶带
- ▶ 钢笔
- ▶ 剪刀
- ▶ 计算器

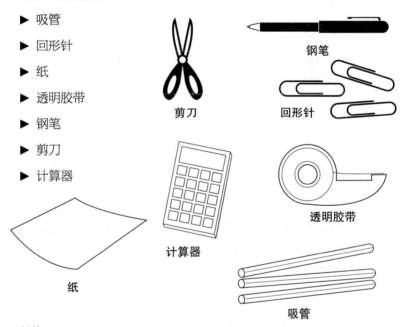

钢笔

剪刀

回形针

计算器

透明胶带

纸

吸管

制作

将三个回形针弯曲成直角和锐角（小于90度角）的形状，如图3-26所示。

图3-26

将回形针折成不同的角度

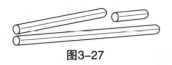

图3-27

下一步，把两根吸管剪成两个不同的长度，见图3-27。

在图3-28所示的例子中，吸管被标记为12.5厘米和21.5厘米。

将回形针推入吸管末端，如图3-29所示。

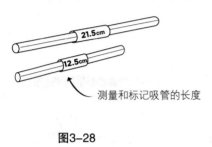

测量和标记吸管的长度

图3-28

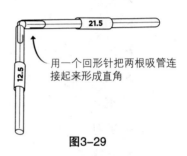

用一个回形针把两根吸管连接起来形成直角

图3-29

把一根吸管放在固定好的吸管的两端附近，然后剪一个合适的长度。用回形针把它夹在另外两根吸管上，见图3-30。

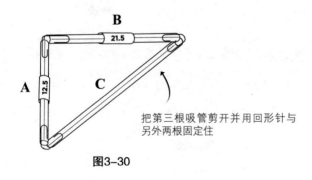

把第三根吸管剪开并用回形针与另外两根固定住

图3-30

用勾股定理，计算最长吸管的长度（C侧），如图3-31所示。

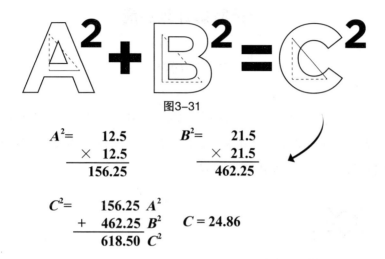

图3-31

$A^2=$ 　　12.5
　　　$\times$　12.5
　　　　156.25

$B^2=$ 　　21.5
　　　$\times$　21.5
　　　　462.25

$C^2=$ 　　156.25 A^2
　　　$+$　462.25 B^2　　$C=24.86$
　　　　618.50 C^2

现在，您可以使用相同的方法来计算一个矩形的未知边的长度。图3-32显示了如何在门上执行此操作。接下来，我们用已知对角线长度来计算未知边的长度。

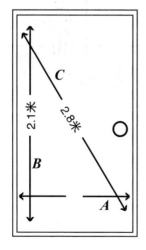

图3-32

$A^2+B^2=C^2$
或
$C^2-B^2=A^2$
$2.8^2=7.84$　　$2.1^2=4.41$
$7.84-4.41=3.43$

$\sqrt{3.43}=1.852$ 米

如果知道斜边和直角的另一边，就可以用勾股定理找到第三边的长度

通过阴影计算高度

巧妙的方法1

白天，太阳会产生一个与你的身高和其他物体高度比例相同的影子。

假设，我们要判断一棵树有多高，只需测量你的影子的长度，然后标记并测量一个高大物体相应影子的长度。

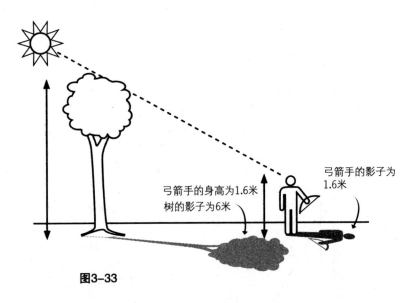

弓箭手的影子为1.6米

弓箭手的身高为1.6米
树的影子为6米

图3-33

三角阴影/高度测定

当你的影子长度等于你的身高时，测量一个高物体的影子长度，我们就能知道这个物体的高度了。

巧妙的方法2

如果你不想等到影子长度等于你的身高的时候，你可以用一个简单的比例公式来计算高大物体的高度。

例如，如果你的影子长度是1.8米，你的高度实际上是1.6米，测量树的阴影长度，并使用以下公式：

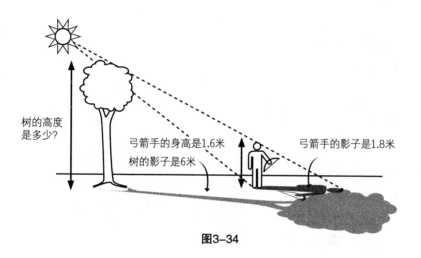

图3-34

$$\frac{\text{弓箭手的身高}}{\text{弓箭手影子的长度}} = \frac{\text{高大物体的高度}}{\text{高大物体影子的长度}}$$

你：身高是1.6米　　　　　树：高度是未知数（X）
　　影子长度是1.8米　　　　　影子长度是6米

比例方程　$\dfrac{1.6}{1.8} = \dfrac{X}{6}$

这棵树的高度是5.3米。

实验12
奇妙的测高计

勾股定理可以让你在知道物体间的距离和三角形的至少一个边的边长和一个角的角度的前提下，算出物体的高度。

你可以用日常物品制作一个测高计，计算较高物体的高度。

需要准备的东西：

▶ 量角器

▶ 垫圈

▶ 金属丝

▶ 透明胶带

▶ 剪刀

▶ 吸管

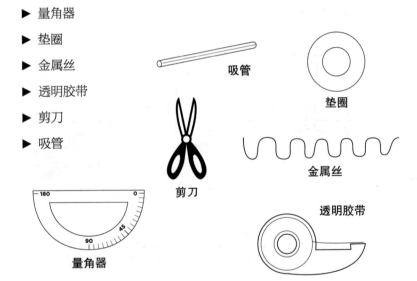

吸管

垫圈

剪刀

金属丝

透明胶带

量角器

制作

将金属丝通过垫圈和透明胶带穿到量角器的直边的中间，见图3-35。

接下来，剪7厘米长的吸管沿量角器直边右侧粘住，见图3-36。垫圈能够自由摆动。

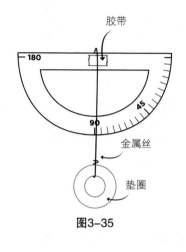

图3-35

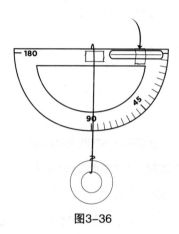

图3-36

当你知道一个直角三角形的一条边的长度和一个角的角度时，你就可以计算出未知边的长度。图3-37显示的是一个60度的正切角三角形。使用三角函数或科学计算器算出正切值是1.732 1。男孩的身高是1.7米，他与旗杆的距离也就是三角形的另一边长度是3.4米。使用这些数字可以计算出旗杆的高度。

注意：每个角度都有自己唯一的正切值，具体图表见本书的参考资料部分。

计算如下：

$$\frac{A\text{的对边}}{A\text{的邻边}} = 1.7\,321$$

$$\frac{X}{3.4} = 1.7\,321$$

$$X=5.89$$

加上人的身高1.7米，

总高度即旗杆高度为7.59米。

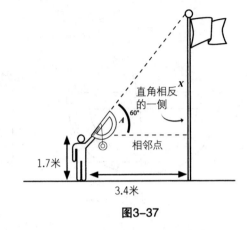

图3-37

面向你所需要测量的物体，用你的身高做参考，使用侧高计估算物体的高度。（人的眼睛通常在头顶下方5至8厘米处，记住这一点，估算测高计与地面的距离。）

下一步，来回调整你与物体之间的距离，以获得良好的视野高度。

通过测高计的吸管仰望高大的物体时，注意量角器上的角度，通过这个尺度来计算物体的高度。

■三角原理

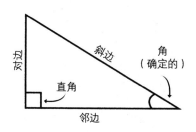
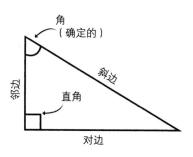

■确定未知边的三角公式

正切角 $= \dfrac{对边}{邻边}$

（已知相对边与相邻边的长度时）

余弦角 $= \dfrac{邻边}{斜边}$

（已知相对边和斜边的长度时）

正弦角 $= \dfrac{对边}{斜边}$

（已知相对边和斜边的长度时）

记住下面的字母：

用 S O H C A H T O A

记住：

正弦（S）对边（O）/斜边（H）

余弦（C）邻边（A）/斜边（H）

正切（T）对边（O）/邻边（A）

笔记

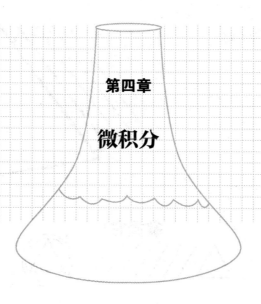

第四章

微积分

数学符号
δ

δ

表示值的变化

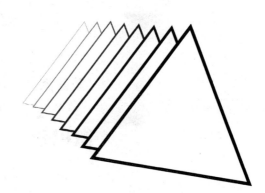

掌握它！

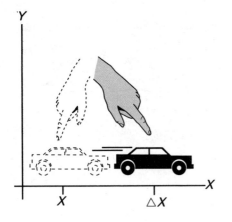

车辆从位置X开始，向位置ΔX驶去

数学符号

Σ

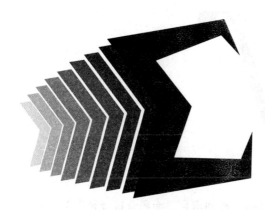

求和符号，简称为和（也称为希腊符号sigma Σ），表示数字序列求和运算。

掌握它！

注意求和符号下面的1和上面的10以及右边的变量x，它们表示求变量x从1到10的和。

如果$x = 1$，则求和运算如下所示：

$1+2+3+4+5+6+7+8+9+10 = 55$

在下一个示例中，1是在求和符号下面，5是在求和符号上面，右边是$x + 1$。

这就表示从$x = 1$开始，每次x增加1个单位，一直到$x = 5$：

$（1+1）+（2+1）+（3+1）+（4+1）+（5+1）= 20$

数学符号

∫

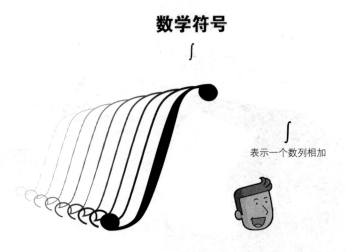

∫

表示一个数列相加

■求和符号意味着有限数量的相加求和，而积分符号允许无限小量相加。

掌握它!

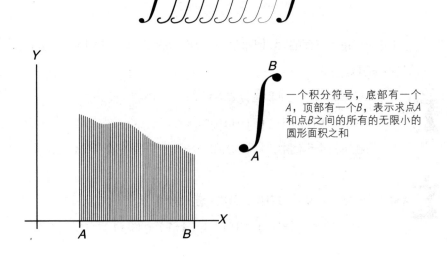

$\int_A^B$

一个积分符号，底部有一个
A，顶部有一个B，表示求点A
和点B之间的所有的无限小的
圆形面积之和

微积分

■**微积分是关于"变化"的数学。**

它由微分学和积分学两个分支组成。下面一节将介绍微分学的基本原理。用微分法可以计算不断变化的事物的变化率，如速率、增长率或体积水平。

■**以稳定的充水速度确定圆柱体容器的水位高度是很容易的。你可以用斜率公式计算任意时间的水位高度：**

$$斜率 = \frac{上升高度}{上升速度}$$

■**求弧形瓶水位的变化率需要用微积分。**

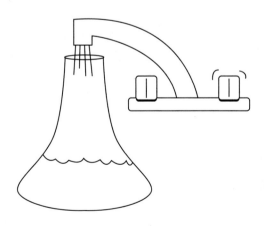

实验13
微积分和代数
变化率演示

下面的实验提供了一个简单的方法来证明，为什么计算变化率需要用到微积分。

需要准备的东西

▶ 直筒瓶

▶ 钟形瓶

▶ 纸

▶ 钢笔

▶ 水源

▶ 时钟

▶ 透明胶带

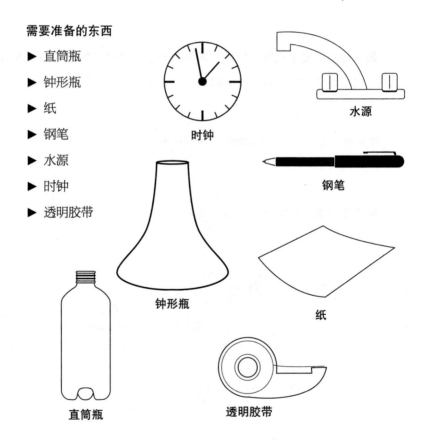

时钟

水源

钢笔

钟形瓶

纸

直筒瓶

透明胶带

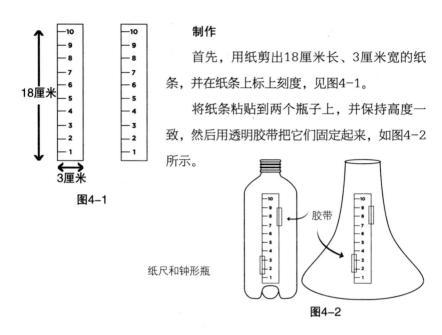

制作

首先，用纸剪出18厘米长、3厘米宽的纸条，并在纸条上标上刻度，见图4-1。

将纸条粘贴到两个瓶子上，并保持高度一致，然后用透明胶带把它们固定起来，如图4-2所示。

18厘米

3厘米

图4-1

胶带

纸尺和钟形瓶

图4-2

接下来，画一个直筒瓶和钟形瓶的对比图表，如图4-3所示。

直筒瓶时间	钟形瓶时间
水平1	
水平2	
水平3	
水平4	
水平5	
水平6	
水平7	
水平8	
水平9	
水平10	

图4-3

注意：你可能需要与朋友一起来完成这个项目。你们其中的一个人负责往瓶子里注水，当水位达到一定的高度时告诉另一个人，让他可以在图表中记录水位到达的时间。

首先，把水龙头开关调到一个固定的位置，放出缓慢而稳定的水流。标记水龙头开关的位置，这样下次你就可以放出同样大小的水流。将秒表设置为零或等到下一分钟开始，把直筒瓶放在水龙头下面，如图4-4所示。

记下水位到达纸带上的每一刻度线的时间直到瓶子满了为止。另外你还可以创建一个图表来说明结果，如图4-5所示。

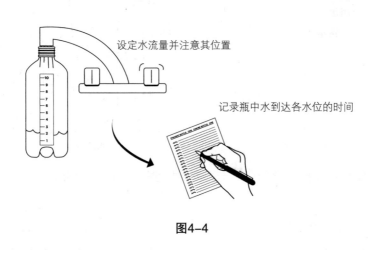

图4-4

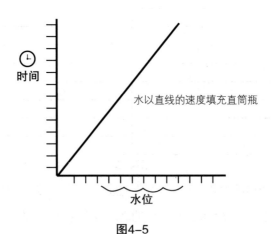

图4-5

接下来，将秒表重置为零，或者等到你手表的下一分钟开始时，把弧形瓶放在水龙头下面，如图4-6所示。记下水位到达纸带的每一刻度线的时间，直到水充满瓶子。

尽管瓶子的容积相同，水也以同样的速度注入，但直筒瓶的水位高度是可以预测的，而对于弧形瓶子来说，水位高度是不可预测的。之所以这样是因为弧形瓶的底部较宽而顶部较窄，见图4-7。

你还可以将结果绘制为图表展示出来。

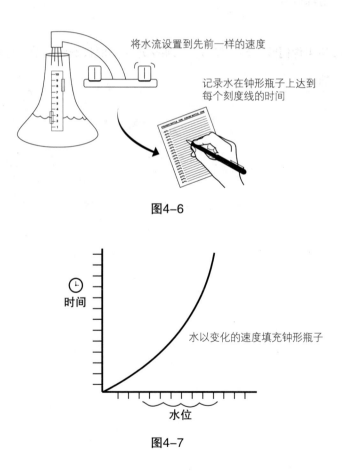

将水流设置到先前一样的速度

记录水在钟形瓶子上达到每个刻度线的时间

图4-6

时间

水以变化的速度填充钟形瓶子

水位

图4-7

■变化率在曲线图上表现为曲线，通过求解曲线切线的斜率你可以确定某个点的瞬时变化率。

■当两点间距离足够小时，曲线就近似为直线。曲线上的第一点无限趋向第二点，但不与之重合，这样就可以近似计算曲线上单点的斜率了，极限表示两个点距离无限接近0而不为0。（因为你不能除以零。）

■极限像门吸一样，保持门无限接近但不能接触到墙壁。符号如下所示：

$$\lim_{h \to 0}$$

它表明变量h可以无限接近但总达不到零。

微积分的极限

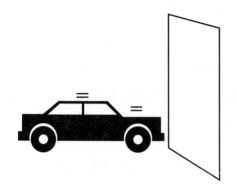

汽车离墙很近（但没有碰到它）

船无限接近码头（但没有碰到它）

极限符号：h接近0

但从未达到（或等于）0

$$\lim$$

$$h \to 0$$

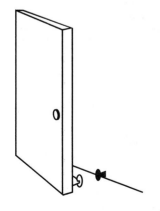

极限像门吸一样，保持门无限接近但不能接触到墙壁

■曲线的导数

代数

直线斜率

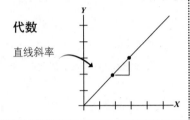

微积分

你需要两点来计算曲线的斜率或者导数

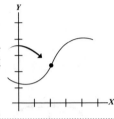

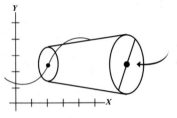

一条曲线，当无限缩短时，几乎成了直线

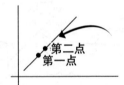

当曲线无限缩短时，它看起来是直的。第二个点可以非常接近第一个点，但不接触——极限。有两个点，斜率可以用斜率公式求得

割线

一条曲线上两点之间的直线称为割线

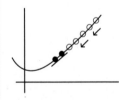

使第二个点无限接近第一个点但不等于第一个点，可以推导出第一个点的导数或者斜率

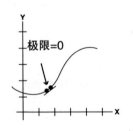

极限=0

曲线的这一点的斜率或变化率或导数是由这个公式确定的：

$$\frac{f(x+h)-f(x)}{h}$$

$$\lim_{H \to 0}$$

104

实验14
微积分与斜率演示

需要准备的东西：

▶ 纸板

▶ 回形针

▶ 剪刀

▶ 铅笔

▶ 透明胶带

▶ 纸

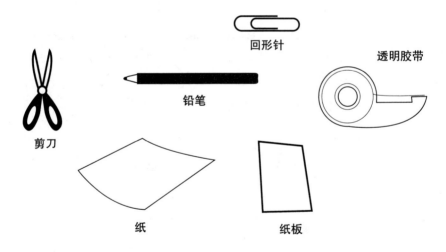

你可以使用下一页的插图作为实验参考，并按步骤操作。

首先，用纸板制作一张直径为3厘米的圆盘，如图4-8所示。

接下来，剪出如图4-9所示的矩形纸盖子，包括"窗口"孔。或者，你也可以用铅笔画虚线，然后沿着虚线慢慢剪开窗口的部分。

把纸盖子对折，在窗口下方打一个孔，如图4-10所示。再在圆盘的中心打一个孔，如图4-11所示。

将圆盘放在纸盖子里，并小心地将外盖上的回形针的固定夹推入并穿过圆盘的孔洞，如图4-12所示。

检查卡片的正面和背面插画上的微积分基础指南，然后在表盘周围找出第二个点与第一个点相匹配，并在操作中慢慢感受"极限"，见图4-13。

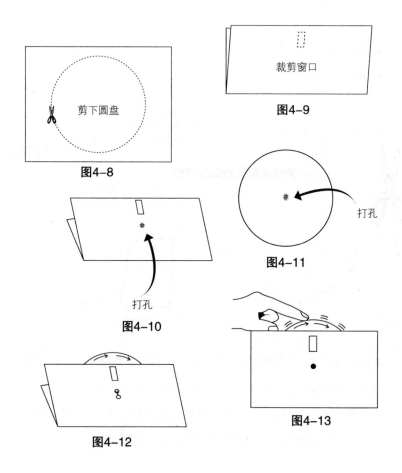

剪下圆盘

图4-8

裁剪窗口

图4-9

打孔

图4-11

打孔

图4-10

图4-12

图4-13

下图是实验的一个举例说明。

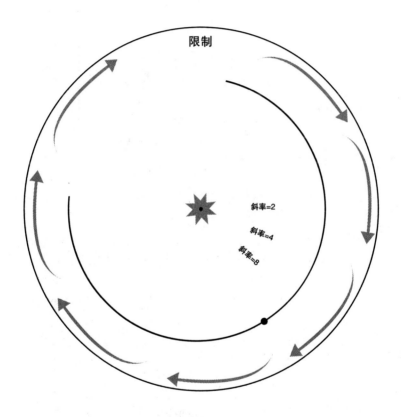

微积分是变化的数学

通过微积分，可以确定不断变化的事物的变化率，如速率、增长率或体积水平。

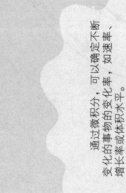

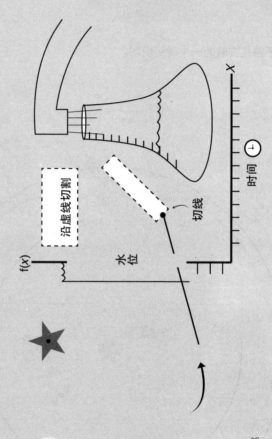

沿虚线切割

f(x)

水位

切线

时间

x

$f(x) = x^2$

注意钟形瓶的斜率与函数曲线相似，底部慢，顶部附近快。

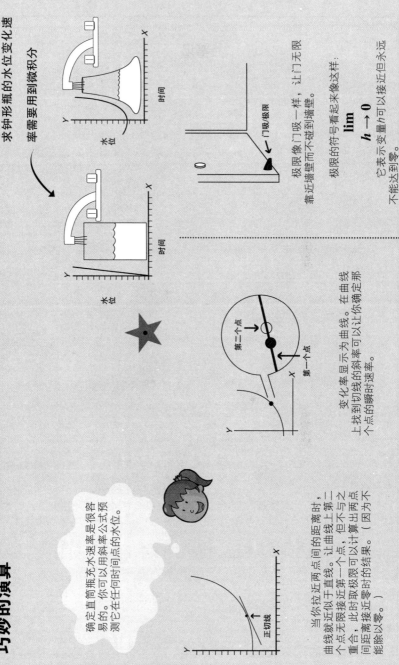

求钟形瓶的水位变化速率需要用到微积分

巧妙的演算

确定直筒瓶水速率是很容易的。你可以用斜率公式预测它在任何时间点的水位。

正切线

当你拉近两点间的距离时，曲线就近似于直线。让曲线上第二个点无限接近第一个点，此时距离接近零。但距离接近零时，此时取极限可以计算出两点间的瞬时速率。（因为不能除以零。）

变化率显示为曲线。在曲线上找到切线的斜率可以让你确定那个点的瞬时速率。

第二个点

第一个点

水位

时间

x

Y

水位

时间

x

Y

门吸/极限

极限 像门吸一样，让门无限靠近墙壁而不碰到墙壁。

极限的符号看起来像这样：

$$\lim_{h \to 0}$$

它表示变量 h 可以接近但永远不能达到零。

笔记

第五章

科学学数学

$$\sum_{1}^{5}$$ Σ（西格玛）
求和的例子

科学计算器

科学计算器很常见，你甚至可以在网络上免费使用它。尽快学会如何使用它，可以帮助你学习数学基础知识和技能并节省你的宝贵时间，还能帮你执行高级操作。在某些情况下，甚至可以将你的成果用图形的形式展示出来。

这一节将向你展示本书前面所介绍的基本原理、计算公式和函数的操作步骤，并向你展示一些高级操作。

使用科学计算器可以将你的数学能力提升到一个更高水平。

图5-1

科学计算器上需要查找的东西：

■ **注意下面的建议和提示，在使用前请你熟悉自己的计算器上的特定的操作键和函数选项。**

■ **特殊功能键存取：大多数键可以执行多个函数，你可以通过按键来访问这些文件，见图5-1。**

■ **理解（－）和－键的区别。第一个是负号，第二个是减法操作。**

■学习如何存储公式中的变量。

■学习如何使用数字输入函数等价数，如$f(x)$到x。

例如：

■找到你经常要用的基本键，如幂键（用于指数运算）、平方根键和逻辑键，见图5-2。

■查找统计键，例如平均值，并学习如何使用它。在某些情况下，你必须输入数字并选择求和键。在计算器中输入数据值，然后选择平均值，见图5-3。

图5-2

X^2：X的2次幂就是用自己乘以自己

$3^2 = 3 \times 3 = 9$

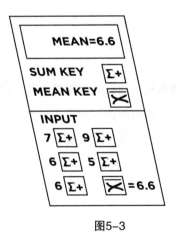

图5-3

计算一个数的平均数

■图5-4介绍了一个有用的方法，在计算器上用勾股定理计算图上
两点之间的距离。

你可以用勾股定理求解图
上两点之间的距离值。

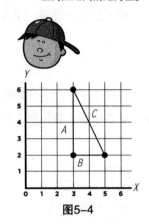

图5-4

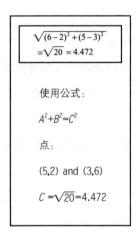

$$\sqrt{(6-2)^2 + (5-3)^2}$$
$$=\sqrt{20} = 4.472$$

使用公式：

$A^2 + B^2 = C^2$

点：

(5,2) and (3,6)

$C = \sqrt{20} = 4.472$

■虽然平均值函数提供了关于数据集的信息，但是你可能还想进一
步查看组内标准差。组内标准差提供了这组数据平均值的离散程
度，展现了这组数据的质量和性能，见图5-5。

计算一组数字集合
的标准差

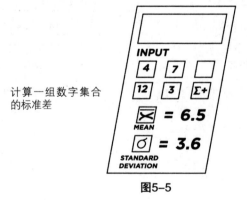

图5-5

114

■你可以在排除风的阻力因素的前提下，用自由落体公式计算物体
下落的高度和时间。要求得一个物体坠落的高度，当你知道坠落
的时间时，使用此公式：

$$\frac{1}{2}AT^2=D$$

A = 加速率（每秒10米）

T = 时间（在本例中为2秒）

D = 距离（物体坠落的高度）

有了这些信息，就可以计算自由下落的高度，如下：

$$\frac{1}{2}A \times T^2=5T^2=5 \times 2^2=20$$

这个物体从20米高处落下，两秒钟后落到地面，见图5-6。

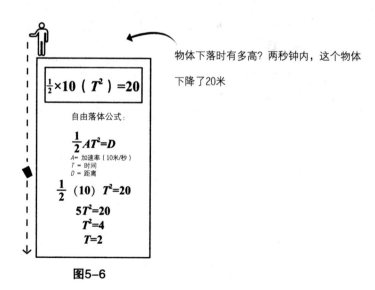

物体下落时有多高？两秒钟内，这个物体
下降了20米

图5-6

■相反，如果你知道下落物体的高度，你就可以计算出下落的时间。

公式：

$$T = \sqrt{2 \times D \div A}$$

T = 时间

D = 距离（10米）

A = 加速率（每秒5米）

$$T = \sqrt{2 \times 10 \div 5} = 2$$

图5-7显示物体从10米高空下落到地面需要两秒钟。

当你知道所处的高度时，计算物体下落的时间。

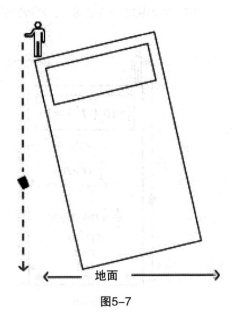

地面

图5-7

116

■你的科学计算器在计算复杂的公式，比如体感温度时可以派上用场。

输入下面的体感温度公式。

公式：

$$35.74 + (0.6\,251)\,T - (35.75)\,V^{0.16} + (0.4\,275)\,T\,V0.16$$

T = 华氏温度
V = 风速（千米/每小时）

下面是计算温度为40华氏度、风速为每小时16千米时的体感温度的过程：

$$35.74 + (0.6\,251)\,(40) - (35.75) \times 16^{0.16} + (0.4\,275) \times 40 \times 16 \times 0.16$$
$$= 35.74 + 25.00 - 35.75 \times 1.56 + 17.7 \times 16 \times 0.16$$
$$= 60.74 - 55.77 + 43.78$$
$$= 48.75$$

体感温度 = **48.75**（°F）

■如果计算器包含表函数，则可以生成代数函数。

图5-8显示了使用表函数的计算器生成函数：

$$f(x) =$$

然后输入x的函数

在这个例子中输入x^2（x平方）

计算器将显示两列

左栏显示1到4的数字

右栏显示x函数的结果，等于x平方

图5-8

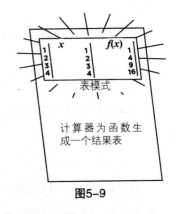

图5-9

继续用你的科学计算器进行各种公式和函数的计算，这样当你需要做题时，你就可以很快知道结果。

在给出求解微分方程和积分方程的方法之前，你应该学习以下两个部分。你将学习如何扩展和化简代数方程以及如何用微积分中的幂规则来进行计算。

代数扩展与化简

在计算数学方程式时，我们常常会用到一种技巧，称为代数扩展与化简。这就像做加法和减法一样，把那些具有相同值的项分散或者合并起来计算，会使过程更加简单。

例1：对方程式（$X+3$）^{2}进行扩展。

第一步扩展

$$（X+3）^2=（X+3）（X+3）$$
$$（X+3）×（X+3）$$

变量和数的平方和。

进一步扩展，用左括号中的项分别乘以右括号中的项

（$X+3$）　（$X+3$） $= X^2 + 3X$

$= 3X + 9$

让我们一步一步地相乘：

第一步

$（X+3）$ $（X = X^2$

在外面
$（X+3）$ $3）= 3X$

在里面
$（X+3）$ $（X = 3X$ $= X^2 + 3X + 3X + 9$

最后
$（X+3）$ $3）= 9$ $= X^2 + 6X + 9$

原项$（x+3）^2$扩展为$（X^2 + 6X + 9）$。

所以，$（X+3）^2$

扩展：

$（X+3）× （X+3）$

再扩展到

$X^2 + 6X + 9$

例2：

在某些情况下，为了方便计算，您可能需要将一个较长的项简化为一个较短的项。例如，将（$2xh + h^2$）简化成$h(2x + h)$。

还原一下，（$2x$）$\times h = 2hx$，然后$h \times h = h^2$，所以它们的和等于$2hx + h^2$。

这里是在介绍如何简化一个有两个变量和一个常数的项。

$$2xh + h^2 = h(2x + h)$$
$$h(2x + h) = h^2$$
$$h(2x + h) = 2hx$$
$$= 2hx + h^2$$

简化就像减少一部分。

简化后的项具有相同的值，但它更易于运算。

幂规则

微积分中有一些规则可以帮助你节省计算时间。其中一种被称为幂规则。

■**在计算微分方程或积分方程时，你将需要使用它。**

幂规则
微分

幂规则适用于带幂指数的函数，像变量X^2（X的2次方）。为了节省计算这个函数的导数的时间，只需将函数的指数调到变量前作为倍数，然后在原来的指数值减1即可。

例1： 求函数的导数 $f(x) = x^2$，将指数2放在x前面，再将指数2减1。导数是2倍。

$$2\,X^{2-1=1} = 2X$$

例2： $f(x) = x^3$ 变成 $3x^2$。

$$3X^{3-1=2} = 3X^2$$

幂规则
积分

这里是求不定积分的幂规则。

■当积分函数包含幂项时，执行与微分法相反的操作。

例1： X^2 变成 $\dfrac{X^3}{3}$

怎么做？首先，将指数值增加1，然后，除以这个增加后的指数值。

$$X^2 \text{ 变成 } X^{2+1} = \frac{X^3}{3}$$

例2： X^3 变成 $X^{3+1} = \dfrac{X^4}{4}$

例3： X^4 变成 $X^{4+1} = \dfrac{X^5}{5}$

决定变化率的公式

本节将详细说明函数的变化率是如何用微积分确定的。为了便于理解，在不断变化的函数旁边将显示一个线性函数与之进行比较。

如图5-10所示，钟形瓶子旁边变化着的函数曲线，它代表了函数 $f(x)$ = x^2。在后面的图解中，水平线叫x轴，垂直线叫作$f(x)$轴（不是y轴）。如图5-11所示，图上的两点间的连线构成了线性函数，用公式表示，为$f(x)$ = x^2。

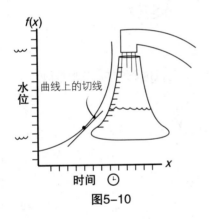

图5-10

瞬时变化率是由一个不断变化的函数决定的。

与一个稳定的线性速率函数相比，如何计算点的瞬时速率。

在这个例子中，y轴表示为 f（x）或x的函数的值。

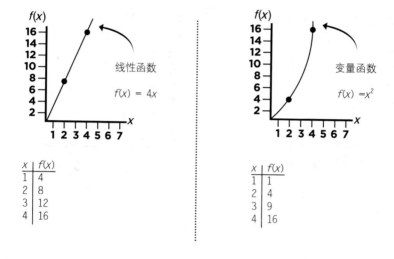

图5-11

在图上，线性函数的两个点表示为（2,8）和（4,16），这两个点也可以由变量［x，f(x)］和［x+h，f(x+h)］来表示。右边变化函数上的点在图上表示为（2,4）和（4,16），这两个点也可以由变量［x，f(x)］和［x+h，f(x+h)］表示，见图5-12。

线性函数的速率公式：

斜率 = $\dfrac{\text{上升的高度}}{\text{移动速度}}$

或 ： $\dfrac{f(x+h) - f(x)}{(x+h) - x}$

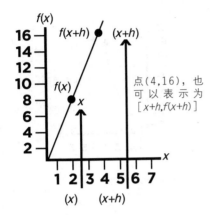

点（4,16），也可以表示为 [x+h,f(x+h)]

点(2,8)也可以表示为 [x,f(x)]

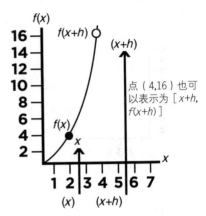

点（4,16）也可以表示为 [x+h,f(x+h)]

点(2,4)也可以表示为 [x,f(x)]

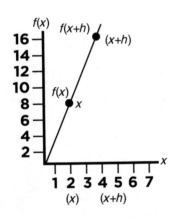

固定变化的线性函数$f(x)=4x$，斜率公式如下：

$$斜率 = \frac{上升的高度}{移动速度} \quad 或 \quad \frac{f(x+h)-f(x)}{(x+h)-x}$$

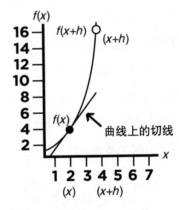

曲线上的切线

确定点的瞬时速率(2,4)，用微分方程求切线的斜率：

$$\lim_{h \to 0} = \frac{f(x+h)-f(x)}{(x+h)-x}$$

图5-12

求变化函数在点（2,4）的瞬时变化率（也就是曲线的切线斜率），微分方程的用法如下：

$$\lim_{h \to 0} = \frac{f(x+h) - f(x)}{(x+h) - x}$$

线性函数的上升/水平是（16-8）/（4-2）。对比右边的变量函数，我们将函数的值f(x) = x^2代入变量的微分方程 $\lim h{\to}0 = f(x+h) - f(x) / (x + h) - x$。

这相当于 $\lim_{h \to 0} = (x+h)^2 - x^2 / (x+h) - x$，如图5-13所示。

你可以取消x和-x，只留下h作为分母。

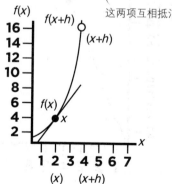

图5-13

线性方程的分数项减小到 $\frac{8}{2}$。将方程式（$x+h$）^{2} 扩展为 $x^2 + 2xh +$ h^2。现在正 x^2 和负 x^2 互相抵消，只留下 $2xh + h^2$，如图5-14所示。

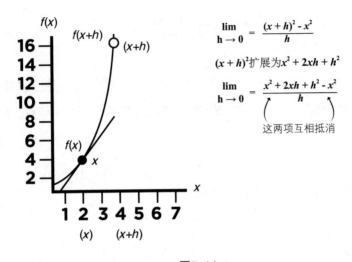

图5-14

图5-15所示，线性方程的值 $\frac{8}{2}$ 简化为 $\frac{4}{1}$ 等于4。

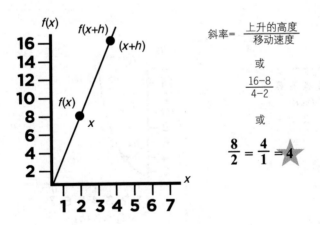

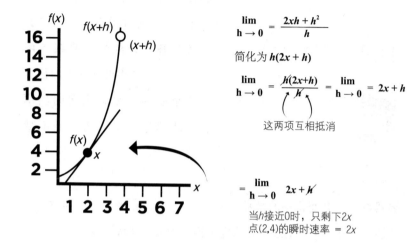

图5-15

极限 $h \to 0 = 2xh + h^2$ 可以减少到只有 $2x$，因为 h 接近零值。此时，只有 $2x$。因为图上 $x = 2$，得出点（2,4）的瞬时速率 $= 4$。

你可以进一步找到这一变化函数图上其他点的瞬时速率。例如，计算点（3,8）的瞬时速率。

■你可能想知道为什么计算曲线上的一个点的变化率需要这么多步骤。用线性（直线）函数，你可以使用直线上的任意两个坐标点来解出它的斜率（或速率），因为它是不变的。

微积分提供了一种方法来预测模型模拟的结果。

■然而，具有变化率的函数，如$f(x) = x^2$，在坐标点之间没有直线。计算一个点的速率等于零（因为没有运动或距离）。

■极限可以让你通过在曲线上远离第一点无穷小距离的第二个点找到瞬时速率。

■数学函数可以用来研究位置、生长或衰变的变化模型。包括行星的位置、复利收益、细菌生长、药物吸收、速率、人口增长和放射性衰变。

■用科学计算器计算变化率、积分、微分问题要容易得多。下一节将告诉你如何应用。

用科学计算器计算微分

用配备了一定功能的科学计算器来计算微分方程是很容易的。下面的示例将向你展示如何计算函数$f(x) = x^2$在$x = 2$时的导数。

（对于特定的键和函数的使用信息，请参考您的计算器用户指南。）

首先选择计算器上的导数函数，该函数通常以d / dx符号形式显示，如图5-16所示。

例1： 求函数 $\left[f(x) = x^2 \right]$ 在点 $x = 2$处的导数。

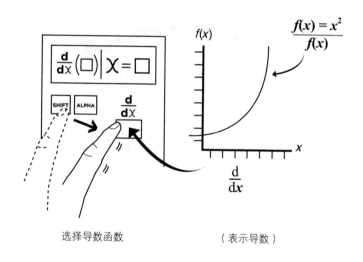

选择导数函数　　　　（表示导数）

图5-16

接下来，选择x作为函数变量，见图5–17。

然后为变量x选择2的幂，这就建立了函数 $f(x) = x^2$，如图5–18所示。

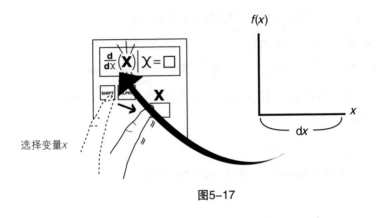

图5–17

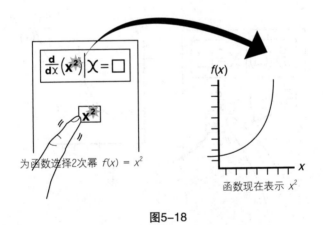

图5–18

将手指移动到"x ="部分（会因计算器而异）并选择2，见图5–19。

最后，选择等号（=）来计算，见图5–20。

如图5–21所示，计算器显示数字4是最后的结果。

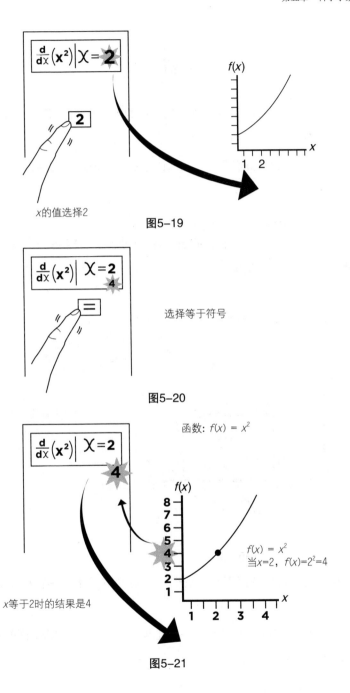

x的值选择2

图5-19

选择等于符号

图5-20

函数: $f(x) = x^2$

$f(x) = x^2$
当$x=2$, $f(x)=2^2=4$

x等于2时的结果是4

图5-21

积分

用直线几何公式可以求直线或圆围成的平面图形的面积。求曲线图形的面积需要进行积分运算。

为了求曲线下图形的面积，需要计算无限个小矩形的面积和。

以下是方法：

你可以用矩形面积来代替曲线下图形的面积，见图5-22。但这种方法计算出来的结果并不精确。

通过计算小矩形的面积和来计算曲线下图形的面积

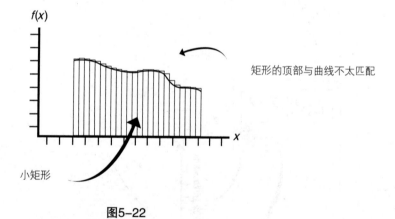

矩形的顶部与曲线不太匹配

小矩形

图5-22

但是，当矩形宽度无限小的时候，近似的结果就很精确了，见图5-23。

当你添加或集成矩形的高度和宽度时，你会计算出曲线下面的确切面积，如图5-24所示。

使用限制条件使得曲线下矩形的宽度接近0

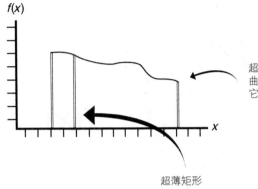

超薄矩形的面积和更接近
曲线下图形的面积，因为
它的宽度几乎为0

超薄矩形

图5-23

通过添加或集成所有的超薄矩形区域，得到曲线下图形的面积（面积可以表示距离、利润或资源消耗）。

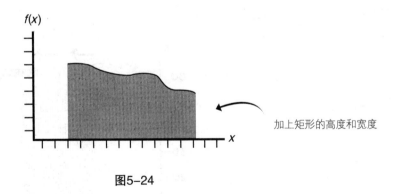

加上矩形的高度和宽度

图5-24

图5-25显示了一个定积分公式的例子。积分符号包括一个下限值A和一个上限值B。在它旁边，函数用一个变量符号来表示。

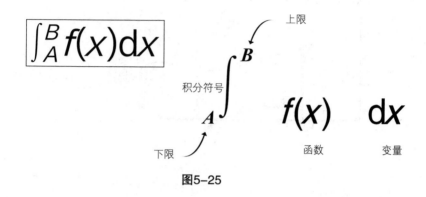

图5-25

这里有一个简单的问题，你可以用积分解决。如果你的汽车以每小时60千米的速度行驶，3小时后汽车行驶了多远？

如图5-26所示，我们将从3点开始记录汽车的行程。积分的下限为3（3点），上限为6（6点）。在这个例子中，函数的一个恒定值为60（千米）。

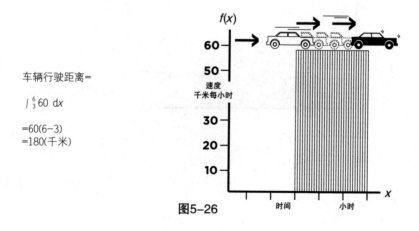

车辆行驶距离=

$\int_{3}^{6} 60 \, dx$

=60(6-3)
=180(千米)

图5-26

对数值进行求和或积分，计算行驶距离。60千米乘以（6-3），这是60千米每小时的速度乘以6小时减去3小时的时间。这辆车匀速行驶了3小时，从出发点开了180千米。

注意：你也可以用简单的算术来得到这个结果，但是这个例子是想告诉你积分公式的定义，以及积分公式中的参数如何设置。这可以帮助你解决更加困难的问题，包括幂变量（指数）的问题。

通过积分，你可以用无穷小的变化量集合来计算总的变化。用微分法，你可以用无限小量代替变化量来计算变化率，如图5-27所示。

积分与微分是相反的（一些积分函数被称为反导函数。）

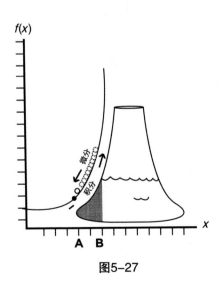

图5-27

用科学计算器计算积分

你可以用科学计算器计算积分方程。

（参考计算器的用户指南找到特定的键，选择正确的功能函数。）

选择如图5-28所示的积分函数。

例1：计算图中积分函数的值，积分区间从0到3。

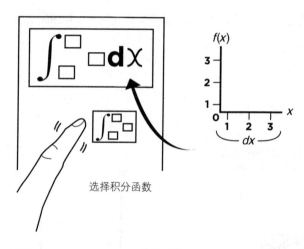

选择积分函数

图5-28

然后输入数字3作为常数值，见图5-29。

选择0作为积分的下限，见图5-30。

然后选择3作为上限值，见图5-31。

现在您可以按等号（＝）键来计算积分了，见图5-32。

图5-33显示了积分值的计算结果是9，还显示了积分公式以供检查。

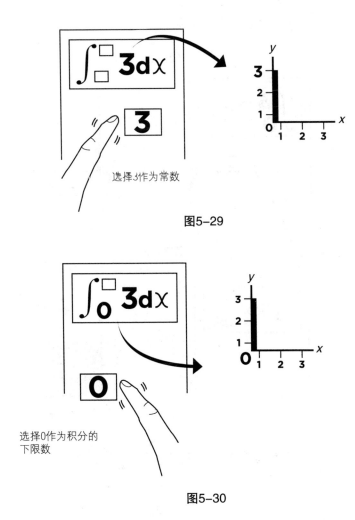

图5-29

图5-30

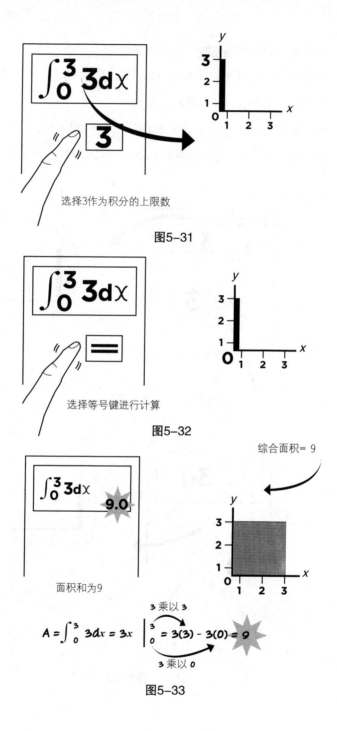

选择3作为积分的上限数

图5-31

选择等号键进行计算

图5-32

综合面积= 9

面积和为9

$$A = \int_0^3 3dx = 3x \Big|_0^3 = 3(3) - 3(0) = 9$$

3 乘以 3

3 乘以 0

图5-33

这个例子将通过计算幂函数来证明积分的真正能力。你将会看到计算函数 $f(x) = x^2$ 在x轴上的点0到2的曲线的面积的运算过程。

首先选择积分函数，如图5-34所示。

选择变量x，如图5-35所示。

例2：在函数 $f(x) = x^2$ 的曲线下计算区域面积，积分区间从0到2。

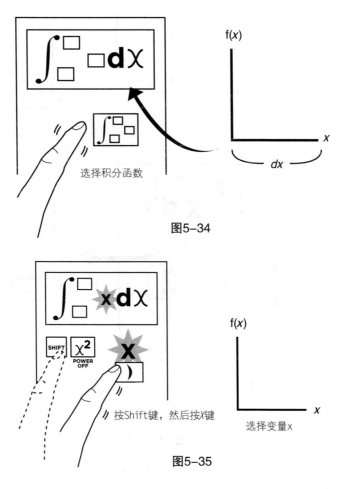

选择积分函数

图5-34

按Shift键，然后按 x 键

选择变量x

图5-35

接下来选择2幂的按钮，如图5-36所示。

将手指移动到上限区域并输入数字2，如图5-37所示。

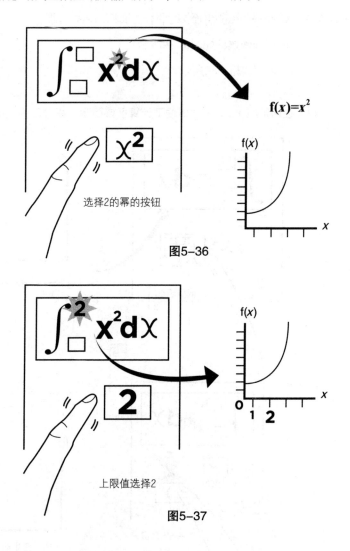

选择2的幂的按钮

图5-36

上限值选择2

图5-37

向下移动到下限区域并选择数字0，如图5-38所示。

按等号键（＝）求和，积分后曲线下的区域面积为$2\frac{2}{3}$。下边还显示了积分公式以供检查，见图5-39。

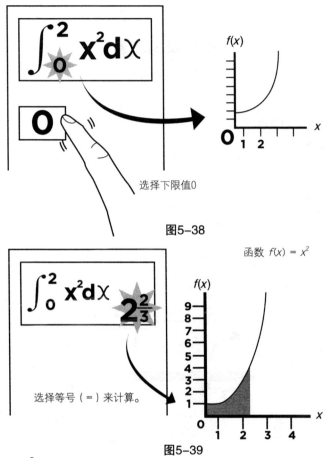

选择下限值0

图5-38

函数 $f(x) = x^2$

选择等号（＝）来计算。

图5-39

总和是 $2\frac{2}{3}$

$$A = \int_{0}^{2} x^2 \mathbf{d}x = \frac{x^3}{3}\bigg|_{2}^{0} = \frac{2^3}{3} - 0 = \frac{8}{3} = 2\frac{2}{3}$$

函数曲线下的面积 $f(x) = x^2$，积分区间从0到2。

注意：积分与微分相反（一些积分函数被称为反导函数。）

通过积分，你可以将无穷小的变化量求和来计算总的变化。

用微分法，你可以除以无穷小的变化量来近似计算变化率。

额外学习实验
积分数学卡

需要准备的东西：

▶ 纸板

▶ 回形针

▶ 剪刀

▶ 铅笔

▶ 透明胶带

▶ 纸

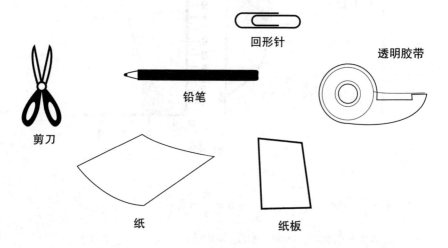

你可以使用下一页的插图作为实验参考，并按步骤操作。

首先，用纸板制作一张直径为3厘米的圆盘，如图5-40所示。

接下来，裁剪出如图5-41所示的矩形盖，包括窗孔。你也可以把一支笔固定在虚线上，把窗孔部分剪掉。

把盖子对折，在窗孔下方打一个洞，如图5-42所示。在圆盘的中心也打一个孔，如图5-43所示。把圆盘小心地放在盖子上，并从盖子的外面和圆盘上推上回形针固定夹，如图5-44所示。

按顺时针方向拨盘，选择一个积分上限数字，并找到与曲线下显示的区域相匹配的方程，见图5-45。

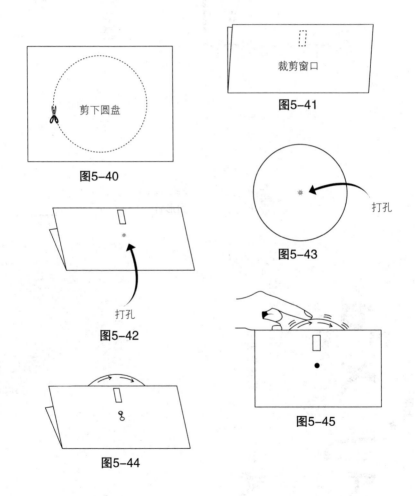

剪下圆盘

图5-40

裁剪窗口

图5-41

打孔

图5-43

打孔

图5-42

图5-44

图5-45

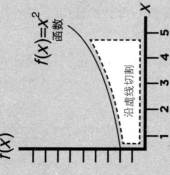

$$A = \int_{\text{下限}}^{\text{上限}} X^2 \, dx$$

上限 · 下限 · 函数变量

$$A = \boxed{\text{沿虚线切割}}$$

转动刻度盘查找曲线下的面积公式。

微积分的积分

146

微积分的积分

通过将无限个小矩形区域面积求和，可以计算函数曲线的面积。"面积"可以表示物理面积、利润增益、衰变损耗等。

定积分公式

$$面积 = \int_A^B f \, dx$$

上限 B　下限 A　函数 f　变量 dx

例1: 汽车以每小时60千米的速度行驶了三个小时，求汽车行驶的距离?

$$\int_3^6 60 \; dx$$

3:00 — 6:00 ／ 60 千米每小时

速度　时间（小时）　求和距离

$$\int_3^6 60 \, dx = 60(6-3) = 60 \times 3 = 180$$

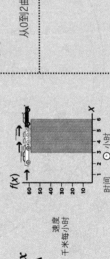

$$A = \int_0^2 x^2 \, dx$$

例2: 计算函数 f(x) =x² 为从0到2曲线下的面积。

$$\int_0^2 x^2 \, dx = \frac{x^3}{3} \Big|_0^2 = \frac{2^3}{3} - 0 = \frac{8}{3} = 2.7$$

从0到2曲线下的面积=2.7

例1: x²变成 $\dfrac{x^{2+1}}{3}$ 或 $\dfrac{x^3}{3}$

例2: x³变成 $\dfrac{x^{3+1}}{4}$ 或 $\dfrac{x^4}{4}$

147

下图是实验的一个举例说明。

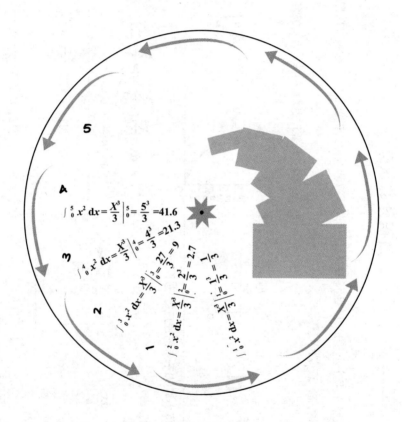

数学与电子表格

电子表格程序，如微软Excel和苹果的Numbers程序，可以让你用与其他工具不同的方法来执行数学计算以及处理数据。它不仅可以节省时间，还可以让你看到趋势和预测的变化。

最重要的是，你可以在你的演示文稿中插入图形和图表，甚至可以打印出来与他人分享。

如果你的计算机没有安装电子表格程序软件，网上可以免费下载安装。

这个入门版将向你展示一些基本的电子表格形式。这个程序的命令和功能使用的是微软Excel风格，大多数电子表格都用这种风格。（有关特定命令信息，请参阅应用程序的帮助选项。）

电子表格入门

■**打开一个新的电子表格文件，你会看到列和行被称为单元格的框，如图5-46所示。你可以在每个单元格中输入数字、字母和其他数据。**

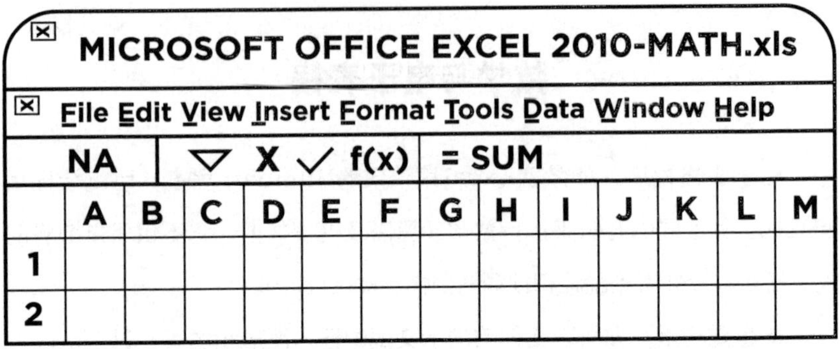

图5-46

对于数学函数，Excel将等号（＝）识别为在数字或数据上执行的操作。如果单元格的内容不以等号（＝）开头，则数据可以被视为一个标签（不是用于计算的数字）。

这里有一个更实际的例子：在单元格A1和A2中输入任何你想输入的数字。在单元格A3中，输入=SUM(A1+A2)并按回车键，如图5-47所示。

单元格A3将显示上面单元格中的数字总和，见图5-48。

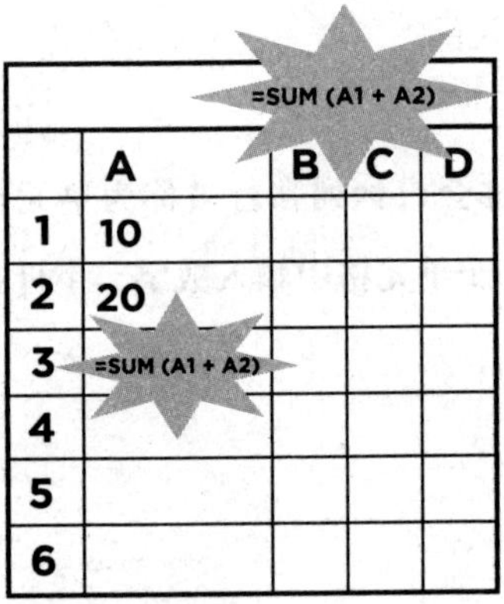

在单元格A1中输入10
在单元格A2中输入20
在单元格A3中，输入公式：
=SUM(A1 + A2) 按下回车键

图5-47

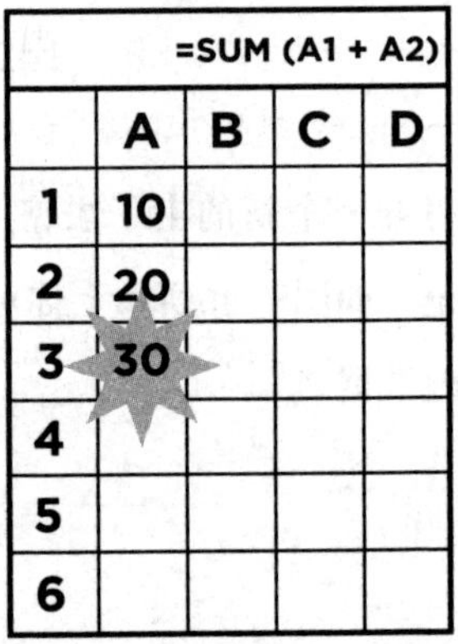

=SUM(A1 + A2)
单元格A3显示的是单元格A1和A2的数字之和

图5-48

150

你可以通过使用如下命令，在列和行中添加更多的数字。单元格A10类型：=SUM(A1:A9)，然后按回车键把从A1到A9的所有数字相加。

注意：在某些情况下，Excel执行从左到右的计算，你必须将数字放在括号内以防止计算顺序出现错误。

例如，命令= 1 000 – 100 * 5可以得到4 500或500的答案。[1 000减去100＝900，乘以5等于4 500；或1 000减去（100乘以5），等于500]。

你可以用下面两种方式之一输入该命令：

(1 000 – 100) * 5 或 1 000 – (100 * 5)

■**从函数菜单访问Excel提供了更多的内置函数，如图5-49所示。**

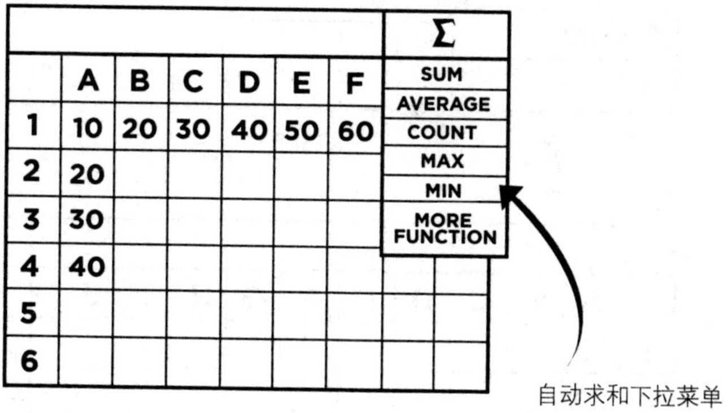

自动求和下拉菜单

图5-49

统计函数允许你从某个值的列表中获取信息，并确定平均值（平均值）、中位数（中间）、众数（最频繁）和标准偏差（一组的距离），见图5-50、图5-51和图5-52。

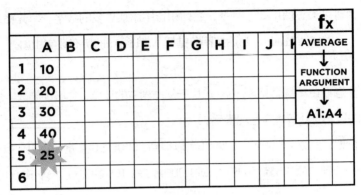

图5-50

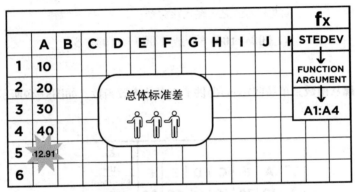

图5-51

	A	B	C	D	E	F	G	H	I	J	K
1	10										
2	20										
3	30										
4	40										
5											
6											

fx
↓
MODE
↓
FUNCTION ARGUMENT
↓
A1:A4

图5-52

■此外，你还可以在电子表格中插入图形，并添加图表使你的演示
文稿更具吸引力，见图5-53和图5-54。

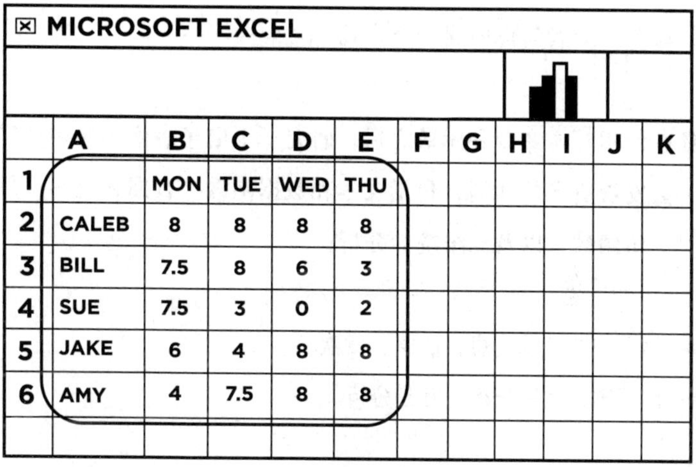

MICROSOFT EXCEL

	A	B	C	D	E	F	G	H	I	J	K
1		MON	TUE	WED	THU						
2	CALEB	8	8	8	8						
3	BILL	7.5	8	6	3						
4	SUE	7.5	3	0	2						
5	JAKE	6	4	8	8						
6	AMY	4	7.5	8	8						

图5-53

MICROSOFT EXCEL

CHART WIZARD

CHART TYPE

- COLUMN
- BAR
- AREA
- RADAR
- XY (SCATTER)
- DOUGHNUT
- LINE
- PIE

BAR LINE
DOUGHNUT PIE
SCATTER RADAR
COLUMN AREA

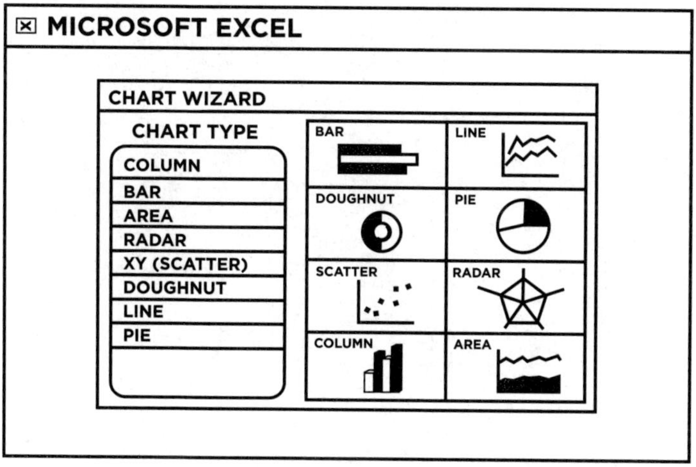

图5-54

下一步——电子表格

■键盘上的快捷键有很多。它们允许你选择一组单元格，指定一个
命令，或者为你创建一个公式！

■在使用基本命令和函数之后，研究一下电子表格手册和教程，你
会发现更多的功能，包括文本和数据函数、日期和时间、数学和
三角函数，以及三维统计分析：

► 财务公式计算利息，估值、贷款。

► 计算器，假设分析，回归分析。

额外的数学演示设计

这本书展示了一些实验，它们让数学变得难忘、有趣且易于分享。你甚至可以通过制作更多的DIY项目来激发学习兴趣。

下面的几个例子是你日常生活中可以做的设计：

■ **制作这本书中出现的数学小测验的巨型版本，并把它们挂在墙上。**

■ **反复温习指导书，特别是不寻常的符号和公式，制作大的、动态的数学符号海报，把它们贴在你的墙上，见图5-55。**

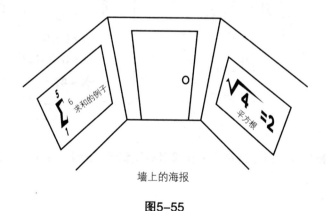

墙上的海报

图5-55

■ **从正式学习中休息一下，玩玩图5-56中像"函数轮"这样的数学策略游戏。**

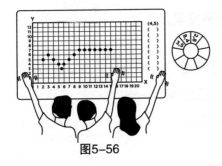

"函数轮"图形游戏

图5-56

■廉价的塑料披风、浴帘，如图5-57和图5-58所示。

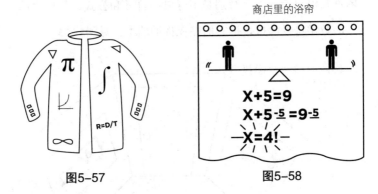

商店里的数学雨衣

商店里的浴帘

X+5=9
X+5-5=9-5
X=4!

图5-57

图5-58

■废弃的饼干盒可以制作成滑动代数函数的演示装置，见图5-59和图5-60。

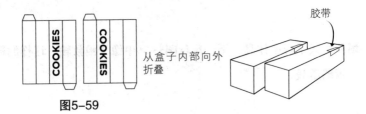

COOKIES   COOKIES

从盒子内部向外折叠

胶带

图5-59

在盒子上画数学符号和方程

第二个框可以显示第一个框
中的代数函数

图5-60

■不要将你的数学卡片放在抽屉里视而不见。制作一个数学卡片
盒：将饼干盒从里面翻出来，重新折叠它，将它们粘在一起，
然后切开切口，这样就可以制作成前后滑动的数学卡片，见图
5-61。

■请试着自己动手制作π杯、滑动代数函数演示装置和一个奇妙的
数学卡片盒，并将它们与魔术贴（或磁带）放在一起，制作一个
移动的秘密数学机器人，如图5-62所示。

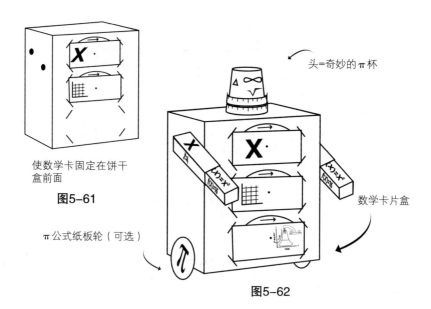

使数学卡固定在饼干
盒前面

图5-61

头=奇妙的π杯

数学卡片盒

π公式纸板轮（可选）

图5-62

创造性的数学设计和日常生活中的挑战

制作一些数学书籍封面，这样你就可以每天温习这些知识了。在这本书的词汇表那一页画出图像和公式，如图5-63所示。

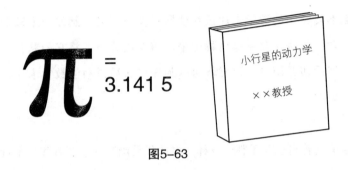

图5-63

然后折叠顶部和底部部分，在书的正面和封底上滑动，见图5-64。

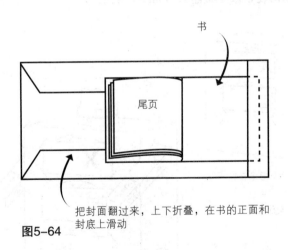

图5-64

随着时间的推移，当你翻开你的教科书的时候，你会回想起这些数学原理，见图5-65。

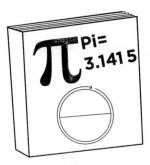

书本上的数学封面

图5-65

用测高计测量自己和别人的身高。比赛谁能快速并准确地使用勾股定理和周长公式计算货币的尺寸，如图5-66和图5-67所示。

奇妙的数学挑战

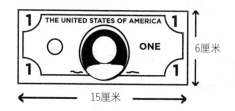

美钞的长度是15厘米，宽度是6厘米。使用勾股定理，计算对角线的长度是多少？

图5-66

图5-67

测量以上的硬币的直径，计算它们的周长

提示：$C = \pi D$

周长＝$\pi \times$直径

然后计算苏打罐和电池这样的普通物体的周长，如图5-68所示。

奇妙的数学挑战

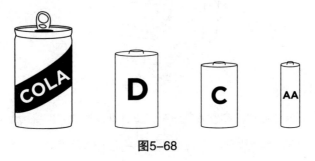

图5-68

测量易拉罐和电池的直径，计算它们的周长

提示：$C = \pi D$

周长=$\pi \times$直径

不要满足于此，考虑使用更多的方法使数学和物理原理变得可视化。制作玩具、无线电控制车辆、类似乐高的工艺包，以及派对和棋盘游戏，将这些融入数学活动中！

参考资料

现代数学名人

比尔·詹姆斯（Bill James）

通过对20世纪70年代和20世纪80年代《棒球文稿》的分析，比尔·詹姆斯改变了对美国棒球的成见。

自1977年以来，比尔·詹姆斯已经写了二十多本有关棒球历史和统计分析的书，这些书被称为"赛伯计量学"，已经被美国棒球协会广泛应用。他通过统计数据，科学地分析和研究棒球，预测球队为什么赢和输。

billjamesonline.com

萨尔曼·阿明·"萨尔"可汗（Salman Amin "Sal" Khan）

前对冲基金分析师萨尔曼·可汗是可汗学院的创始人，该学院是一个免费的在线教育平台和非营利性组织。可汗在自己家的一个小办公室里制作了4 000多个视频课程，教授众多学科，内容主要集中在数理方面。2012年，萨尔曼·可汗被《时代》周刊评为世界100大最具影响力的年度人物之一。

khanacademy.org

丹妮卡·麦凯勒（Danica McKellar）

丹妮卡·麦凯勒是一位美国女演员、电影导演、学者、作家和教育倡导者。她最出名的是她在电视节目《奇迹》中扮演了温妮·库珀的角色，并且她是四部非小说类畅销书的作者。

这四本书分别是：《数学不错哦》《我爱数学》《热门X：裸露的代数学》《女孩的曲线艺术：几何形态学》。麦凯勒在书中鼓励初中和高中女生要对学习数学有信心。

danicamckellar.com

....

绝密玫瑰：第二次世界大战中的女性电脑（Top Secret Rosies: The Female Computers of WWII）

1941年12月7日清晨，日本偷袭珍珠港，这一件事改变了许多美国年轻女性的生活。珍珠港事件突然把美国卷入第二次世界大战中，军方发起一场疯狂的全国性的找寻女性数学家的活动。

1942年，当计算机和女性都不被世人看好的时候，一群女数学家帮助国家赢得了战争，迎来了现代计算机时代。六十五年后，她们的故事终于被呈现在我们面前。

这些女数学家和科学家代号为"绝密玫瑰"，在第二次世界大战期间被秘密征募参与弹道导弹研究实验和破译电台密码的工作（在"计算机"只意味着"计算"的时代，人们将她们称作"女性计算机"）。

topsecretrosies.com

格伦·惠特尼（Glen Whitney）

格伦·惠特尼，对冲基金经理，数学倡导者，在纽约开设了数学博物馆，这是当时唯一一座数学科学类的博物馆。惠特尼不但是纽约长岛三村学区教育委员会的成员，而且是数学教育价值的有力倡导者。

momath.org

推荐网站

■www.khanacademy.org

■ www.mathisfun.com

■www.coolmath.com

■www.easycalculation.com

■www.momath.org

(Museum of Mathematics)（数学博物馆）

■www.math.com

(for online scientific calculators)（在线科学计算器）

■www.docs.google.com

(for online spreadsheet)（用于联机试算表）

■spacemath.gsfc.nasa.gov

(math and calculus lessons and more)（数学和微积分，以及更多的课程）

■www.algebra.com

■www.piday.org

(Pi Day website)（圆周率日网站）

■www.nctm.org

(National Council of Teachers of Mathematics)（全国数学教师委员会）

■www.sneakyuses.com

■www.sneakymath.com

词汇表

≈	近似地，大约 约等于
°	度(degree的名词复数) 温度量或弧度的指示。
Δ	德尔塔（Delta） "Delta"意味着"变量"
e	欧拉（Euler）（姓氏； Leonhard, 1707—1783, 瑞士数学家，物理学家 ） 小写字母e代表2.7118281828459045的欧拉数。它与利息支付计划和其他科学计算一起使用。
n!	因子的，阶乘的 符号n!是一个节省空间的符号。 例如: $4! = 4 \times 3 \times 2 \times 1$
$f(x)=$	函数 函数是两个变量之间的关系。函数是使用$f(x)$符号的预定义公式。它的意思是"x的函数"。
≠ ≥ ≤	不等于 大于或等于 小于或等于
∞	"无限"的意思是"永远持续"或走向无限。 例子：无限小。

$\int$	积分符号 积分符号用于集成或组合在一起的项。
$\cap$	两个或多个数字集共享的公共数据或项。例如： （1,2,3,4）与（3,4）相交=（3,4）
$\lim\limits_{h\to 0}$	极限 函数在给定x处的值。
$(\ )X$	乘法 $2 \times 3 = 6$　$2 \times 3 = 6$　$2(3) = 6$
%	百分比 分数是100的一个分数或比率。
π	圆的直径与圆周长的比值称为圆周率。π 是一个永不结束或重复的数字，从3.141 592 653 589 793 2开始。
$\sqrt{}$	根号 根号用于平方根计算。 里面的项称为被开方数。
:	范围/比例 表示两个词的比率。
T：{(2,6),(4,1)}	特定输入数的有序对及其输出结果。

Σ	求和 求和或sigma符号用于在一个范围内相加数字。上面和下面的总和符号指定多少次添加数字增量变量数。数字r第一次，数字1被添加到变量1中，然后往上累加。
θ	θ符号表示一个角度。
∪	两个或多个数字集共享的公共数据或项。（1,2,3,4,5） ∪（3,4）=（1,2,3,4,5）
X	变化的，可变的 变量是一个你不知道的量的占位符。一个变量，如字母x，可以代表时间，距离，金钱，或人，允许你用在方程式中来节省时间。
↰	矢量 矢量表示方向和大小。

数学换算表

英制	公制
1 英寸	2.54厘米
1 英尺	0.304 8米
1 码	0.914 4米
1 英里	1.609 3千米
1 海里	1.853千米
1 盎司	28.349克
1 磅	0.453千克
1 石	6.350 3千克
1 英担	50.802千克
1 英吨	1.016千克
1 品脱	0.473升
1 加仑	3.785升

温度换算公式

华氏温度与摄氏温度之比	$C=(F-32) \times 5 \div 9$
摄氏对华氏	$F=(C \times 9 \div 5)+32$
摄氏对开氏温标	$K=C+273$
开氏温标对摄氏	$C=K-273$

分数，小数
度量衡换算表

分数=小数			
$\frac{1}{1} = 1$			
$\frac{1}{2} = 0.5$			
$\frac{1}{3} = 0.\underline{3}$	$\frac{2}{3} = 0.\underline{6}$		
$\frac{1}{4} = 0.25$	$\frac{3}{4} = 0.75$		
$\frac{1}{5} = 0.2$	$\frac{2}{5} = 0.4$	$\frac{3}{5} = 0.6$	$\frac{4}{5} = 0.8$
$\frac{1}{6} = 0.1\underline{6}$	$\frac{5}{6} = 0.8\underline{3}$		
$\frac{1}{7} = 0.142\,857$	$\frac{2}{7} = 0.285\,714$	$\frac{3}{7} = 0.428\,571$	$\frac{4}{7} = 0.571\,428$
	$\frac{5}{7} = 0.714\,285$	$\frac{6}{7} = 0.857\,142$	
$\frac{1}{8} = 0.125$	$\frac{3}{8} = 0.375$	$\frac{5}{8} = 0.625$	$\frac{7}{8} = 0.875$
$\frac{1}{9} = 0.\underline{1}$	$\frac{2}{9} = 0.\underline{2}$	$\frac{4}{9} = 0.\underline{4}$	$\frac{5}{9} = 0.\underline{5}$
	$\frac{7}{9} = 0.\underline{7}$	$\frac{8}{9} = 0.\underline{8}$	
$\frac{1}{10} = 0.1$	$\frac{3}{10} = 0.3$	$\frac{7}{10} = 0.7$	$\frac{9}{10} = 0.9$
$\frac{1}{11} = 0.\underline{09}$	$\frac{2}{11} = 0.\underline{18}$	$\frac{3}{11} = 0.\underline{27}$	$\frac{4}{11} = 0.\underline{36}$
	$\frac{5}{11} = 0.\underline{45}$	$\frac{6}{11} = 0.\underline{54}$	$\frac{7}{11} = 0.\underline{63}$
	$\frac{8}{11} = 0.\underline{72}$	$\frac{9}{11} = 0.\underline{81}$	$\frac{10}{11} = 0.\underline{90}$
$\frac{1}{12} = 0.083\underline{3}$	$\frac{5}{12} = 0.416\underline{6}$	$\frac{7}{12} = 0.583\underline{3}$	$\frac{11}{12} = 0.916\underline{6}$
$\frac{1}{16} = 0.062\,5$	$\frac{3}{16} = 0.187\,5$	$\frac{5}{16} = 0.312\,5$	$\frac{7}{16} = 0.437\,5$
	$\frac{11}{16} = 0.687\,5$	$\frac{13}{16} = 0.812\,5$	$\frac{15}{16} = 0.937\,5$
$\frac{1}{32} = 0.031\,25$	$\frac{3}{32} = 0.093\,75$	$\frac{5}{32} = 0.156\,25$	$\frac{7}{32} = 0.218\,75$
	$\frac{9}{32} = 0.281\,25$	$\frac{11}{32} = 0.343\,75$	$\frac{13}{32} = 0.406\,25$
	$\frac{15}{32} = 0.468\,75$	$\frac{17}{32} = 0.531\,25$	$\frac{19}{32} = 0.593\,75$
	$\frac{21}{32} = 0.656\,25$	$\frac{23}{32} = 0.718\,75$	$\frac{25}{32} = 0.781\,25$
	$\frac{27}{32} = 0.843\,75$	$\frac{29}{32} = 0.906\,25$	$\frac{31}{32} = 0.968\,75$

注释下划线的数字表明这些数字是重复的。

幂表

数字	2次方	3次方	4次方	5次方	6次方
1	1	1	1	1	1
2	4	8	16	32	64
3	9	27	81	243	729
4	16	64	256	1 024	4 096
5	25	125	625	3 125	15 625
6	36	216	1 296	7 776	46 656
7	49	343	2 401	16 807	117 649
8	64	512	4 096	32 768	262 144
9	81	729	6 561	59 049	531 441
10	100	1 000	10 000	100 000	1 000 000
11	121	1 331	14 641	161 051	1 771 561
12	144	1 728	20 736	248 832	2 985 984
13	169	2 197	28 561	371 293	4 826 809
14	196	2 744	38 416	537 824	7 529 536
15	225	3 375	50 625	759 375	11 390 625
16	256	4 096	65 536	1 048 576	16 777 216
17	289	4 913	83 521	1 419 857	24 137 569
18	324	5 832	104 976	1 889 568	34 012 224
19	361	6 859	130 321	2 476 099	47 045 881
20	400	8 000	160 000	3 200 000	64 000 000

数字	2次方	3次方	4次方	5次方	6次方
21	441	9 261	194 481	4 084 101	85 766 121
22	484	10 648	234 256	5 153 632	113 379 904
23	529	12 167	279 841	6 436 343	148 035 889
24	576	13 824	331 776	7 962 624	191 102 976
25	625	15 625	390 625	9 765 625	244 140 625
26	676	17 576	456 976	11 881 376	308 915 776
27	729	19 683	531 441	14 348 907	387 420 489
28	784	21 952	614 656	17 210 368	481 890 304
29	841	24 389	707 281	20 511 149	594 823 321
30	900	27 000	810 000	24 300 000	729 000 000

正切函数表

续表

角度	正切	角度	正切
0°	0	16°	0.286 75
1°	0.017 46	17°	0.305 73
2°	0.034 92	18°	0.324 92
3°	0.052 41	19°	0.344 33
4°	0.069 93	20°	0.363 97
5°	0.087 49	21°	0.383 86
6°	0.105 10	22°	0.404 03
7°	0.122 78	23°	0.424 47
8°	0.140 54	24°	0.445 23
9°	0.158 38	25°	0.466 31
10°	0.176 33	26°	0.487 73
11°	0.194 38	27°	0.509 53
12°	0.212 56	28°	0.531 71
13°	0.230 87	29°	0.554 31
14°	0.249 33	30°	**0.577 35**
15°	**0.267 95**		

角度	正切	角度	正切
31°	0.600 86	46°	1.035 53
32°	0.624 87	47°	1.072 37
33°	0.649 41	48°	1.110 61
34°	0.674 51	49°	1.150 37
35°	0.700 21	50°	1.191 75
36°	0.726 54	51°	1.234 90
37°	0.753 55	52°	1.279 94
38°	0.781 29	53°	1.327 04
39°	0.809 78	54°	1.376 38
40°	0.839 10	55°	1.428 15
41°	0.869 29	56°	1.482 56
42°	0.900 40	57°	1.539 86
43°	0.932 52	58°	1.600 33
44°	0.965 69	59°	1.664 28
45°	1	60°	1.732 05

角度	正切	角度	正切
61°	1.804 05	76°	4.010 78
62°	1.880 73	77°	4.331 48
63°	1.962 61	78°	4.704 63
64°	2.050 30	79°	5.144 55
65°	2.144 51	80°	5.671 28
66°	2.246 04	81°	6.313 75
67°	2.355 85	82°	7.115 37
68°	2.475 09	83°	8.144 35
69°	2.605 09	84°	9.514 36
70°	2.747 48	85°	11.430 05
71°	2.904 21	86°	14.300 67
72°	3.077 68	87°	19.081 14
73°	3.270 85	88°	28.636 25
74°	3.487 41	89°	57.289 96
75°	3.732 05	90°	—

（90度是未定义的，因为它是一条没有角度的垂直线）

笔记

致 谢

我要感谢我的经纪人雪莉·拜科夫斯基（Sheree Bykofsky）和珍妮特·罗森（Janet Rosen），感谢她们自始至终对我创作这本书的支持。还要特别感谢我的编辑安德鲁斯·麦克梅尔（Andrews McMeel），感谢她的宝贵的支持。

我也要感谢以下帮助宣传我之前的五本"奇妙"书籍的人：艾拉·弗莱托（Ira Flatow），盖尔·安德森（Gayle Anderson），苏珊·凯西（Susan Casey），马克·弗劳恩菲尔德（Mark Frauenfelder），桑迪·科恩（Sandy Cohen），凯特·施瓦茨（Katey Schwartz），切丽·库尔塔德（Cherie Courtade），迈克·苏安（Mike Suan），约翰·萨泽尔（John Schatzel），梅丽莎·格温（Melissa Gwynne），史蒂夫·科克伦（Steve Cochran），克里斯托弗·G.塞尔弗里奇（Christopher G. Selfridge），蒂莫西·M.博兰格（Timothy M. Blangger），查尔斯·伯奎斯特（Charles Bergquist），菲利浦·M.托伦（Phillip M. Torrone），保罗（Paul）和赞·杜宾·斯科特（Zan Dubin Scott），达娜·温克（Dana Vinke），辛西娅·汉森（Cynthia Hansen），查尔斯·鲍威尔（Charles Powell），哈蒙尼·唐格南（Harmonie Tangonan），布鲁斯·帕萨罗（Bruce Pasarow）。

我还要感谢西比尔·史密斯（Sybil Smith），艾萨克·英格丽诗

（Isaac English）和比尔·梅尔泽（Bill Melzer）提供的实验评估和测试帮助。特别感谢海伦·库珀（Helen Cooper），克莱德·特莫尼（Clyde Tymony），乔治（George），左拉·莱特（Zola Wright），罗纳德·米切尔（Ronald Mitchell）。最后，我要感谢我的母亲——克洛伊斯·肖（Cloise Shaw），她为我的早期的科学基础和对阅读的热爱提供了大量的资源和支持。

免 责 声 明

　　本书是为启发读者和消遣时间而编写的。尽管我们对本书的准确性给予了一定的关注，但出版商和作者对其内容中出现的错误或遗漏不负任何责任。我们也不承担因使用这本书而造成的任何损失的赔偿责任。

　　本书包含了一些必须严格遵守的电气安全的参考资料。比如，不要将磁铁放置或存储在诸如录像带、录音带或计算机磁盘等磁敏介质附近。

　　实际上，材料选择和方法的设计因为组合的方式不同可能会导致结果与书中所示不同。出版商和作者拒绝承担因使用本书所载恰当或不恰当信息而造成的任何损害赔偿责任。我们不保证这里包含的信息是完整的、安全的或准确的，也不认为书中的信息是你良好判断能力和常识的替代品。

　　本书中的任何内容不得被解释或理解为侵犯他人或者触犯刑法的借口。我们希望你遵守所有法律，尊重他人的包括财产权在内的所有权利。